[美] 赫莎·艾布拉姆斯

（Hesha Abrams）

◎ 著

欣 玫 ◎ 译

请冷静

Holding the

Calm

避免冲突和
解决争端的秘诀

The Secret to
Resolving Conflict
and Defusing Tension

中国原子能出版社　中国科学技术出版社

·北　京·

北京市版权局著作权合同登记　图字：01-2023-1392。

图书在版编目（CIP）数据

请冷静：避免冲突和解决争端的秘诀 /（美）赫莎
·艾布拉姆斯（Hesha Abrams）著；欣玫译 . —北京：
中国原子能出版社：中国科学技术出版社，2023.9
　书名原文：Holding the Calm：The Secret to
Resolving Conflict and Defusing Tension
　ISBN 978-7-5221-2816-0

　Ⅰ .①请… Ⅱ .①赫… ②欣… Ⅲ .①愤怒—自我控
制—研究 Ⅳ .① B842.6

中国国家版本馆 CIP 数据核字（2023）第 136030 号

策划编辑	何英娇
执行编辑	王碧玉
责任编辑	付　凯
文字编辑	何英娇
封面设计	马筱琨
版式设计	蚂蚁设计
责任校对	冯莲凤　焦　宁
责任印制	赵　明　李晓霖

出　　版	中国原子能出版社　中国科学技术出版社
发　　行	中国原子能出版社　中国科学技术出版社有限公司发行部
地　　址	北京市海淀区中关村南大街 16 号
邮　　编	100081
发行电话	010-62173865
传　　真	010-62173081
网　　址	http://www.cspbooks.com.cn

开　　本	880mm×1230mm　1/32
字　　数	122 千字
印　　张	6.875
版　　次	2023 年 9 月第 1 版
印　　次	2023 年 9 月第 1 次印刷
印　　刷	北京华联印刷有限公司
书　　号	ISBN 978-7-5221-2816-0
定　　价	69.00 元

献 辞

谨献给人类精神之胜利
我们都比我们想象的自我要强大

这个世界正在与全球性流行病做斗争，冲突似乎无处不在，在这个时候，赫莎·艾布拉姆斯（Hesha Abrams）的这本书就像是来自上天的礼物。我们都已看到，分歧会逐步演变成全面的权力斗争，使人际关系、工作场所、社区甚至国家遭到破坏。人们需要得到帮助来学习如何处理分歧。我们在建设性地解决冲突方面学习得越多，所有人的生活就会过得越好。

如果你正在试着与之交流的人冲你大叫大嚷，你会怎么做？假如某人把自己完全封闭起来，不肯说一个字，你要怎么办？你将在本书中找到答案，而且还能学到较之多得多的东西。凭借其作为全国知名调解人所了解的谈判技巧，赫莎写出了一份指南，提供了简单易懂的工具和技巧，任何人都可将其用于在分歧演变成"全面战争"之前解决它们。

尽管赫莎是一位受过良好教育的律师，但她的著作很接地气、通俗易懂。你不会在这里找到任何废话、空话。她教的概念很容易理解，讲的故事颇具亲和力且读来有趣。长久以来，我一直支持通过讲故事来阐明重要观点，因为故事可以让人想象，让人们放下自己的评判性想法，并从中学到东西。

领导者尤其需要阅读本书。任何时候，如果你试图影响他人的思想和行为，那就是在参与领导工作——所以你没准是个领导者，即便你自己不这样认为。这个世界迫切需要专注于服务他人而不是集聚权力、获取控制的领导者。解决冲突是你可以服务于更广泛利益的最有效的方式之一。

"人类是美好的，即使在他们表现糟糕的时候。"赫莎写道。我明白她的意思。我爱人类，很显然，她也是。爱是赫莎在这些书页中所写的一切内容的基础。放松，让自己安心，享受这些吸引人的故事，聆听她睿智的建议。下一次，当你发现自己陷入困境时，记得深呼吸并"保持冷静"。

肯·布兰查德（Ken Blanchard）
《一分钟经理人》（*The One Minute Manager*）和
《高境界领导力》（*Leading at a Higher Level*）的作者

作为一名职业生涯中一直从事心理战和民政事务（civil affairs）的职业军官，我发现赫莎的新书读起来感觉相当棒，而且极具价值。她清晰地阐述了如何在管理冲突、完成谈判及更高效地说服他人等方面建立坚实基础的方法。

她作为一位调解大师的多年经验——在各种复杂的境况下工作：涉及数百万美元的商业谈判、个性驱动的法庭冲突、情绪化的敏感情况——使她有能力写出一本简洁、实用的书，讲述如何解决棘手的争端、化解紧张局势，以及如何了解、理解人们真正的交流沟通方式。即使在具有攻击性或潜在暴力的情况下，她的各种技巧也能发挥作用。她为我们提供了自己的专业知识和经验，使我们能够相互理解、更好地沟通、避免冲突或在不得不卷入冲突时加以解决。

赫莎告诉我们，如何改变事件的背景或应对突发事件的方法往往是解决问题的关键所在，这让我产生了深深的共鸣。在面对一个事件时，永远不要认为你只有两种结果。正是因为分歧的存在，才让你能够得到自己想要的结果。我相信这一点，而且她解释了如何完美地做到这一点。

即使在最困难的情况下，她为"保持冷静"而打造的工具箱依然能奏效。温和的人际交往技巧当然有益，但在艰难时刻，你需要的更多。你需要"保持冷静"工具来克服自负、愤怒，解决棘手问题。当有人感到无能为力时，"保持冷静"会给人一种力量感。对于处理个人之间的争论、指挥部内的纠纷、商业冲突甚至人质事件，"保持冷静"是取得成功结果的关键。

我将在我的职业和个人生活中运用赫莎的方法，并建议你从她的经验中培养自己的技巧。她的见解是独一无二的，很少有人能如此透彻地分享这些智慧。好好利用起来！如果你想真正了解、掌握冲突管理这个领域，本书为必读之书。现在就开始阅读吧！

马克·弗利顿上校（Colonel Mark Flitton）
美国陆军心理作战司令部（United States Army Psychological Operations Command）

我为何要与你分享这些秘诀

在某个地方，一些令人难以置信的东西正等着我们去了解。

莎朗·贝格利（Sharon Begley）

出国旅行时，我会尽量携带一些可能对我经常去的大面积贫困地区有所帮助的物品。多年来，我尝试带过食物、阅读资料、球类、记号笔和美术用品。后来我找到了效果绝佳的东西：老花镜。我每次买 100 副，每副 3 美元，行李箱里能装多少就带多少。我看到，因为几十年来第一次能够看得清楚，那些头发花白的年老灵魂失声哭泣。孙辈们纷纷跑来，抓住我，把我拖到他们的祖母或外祖母的座位前，好让她们也能"看见"。这些简单的用具所带来的纯粹的喜悦和欣慰总是让我热泪盈眶。对于视力不好的人，在戴上眼镜之前，他们从来不知道自己的视力差到什么程度、能够改善到什么程度，以及现在有哪些改善机会。

本书是为你提供的一副老花镜。我们能在多大程度上更好地处理冲突、解决问题，并引导人们相信自己能够更有效地化解纷争？这很容易做到，真的。

当下，我们的社会需要更文明地讨论和解决冲突的技巧。人类无法很好地处理冲突。善良仁慈、心怀好意的人试图解决冲突，但他们的相关技能有限。甚至像律师和调解人那样的专业人士也会被争议背后的大量心理、人为因素搞得招架不住。个体陷入冲突而看不到出路。邻居之间的停车纠纷可以升级为谋杀，而且已经发生过。人们害怕、担心，但不知道该做什么、怎么做、该说什么、如何说。

突破的第一步是"保持冷静"。这能为消解紧张态势奠定基础，从而使解决问题成为可能。这一步并不艰难，可以很容易做到，并且可以是平和而有趣的，也肯定是有帮助的。

在职场、企业、家庭和社区等所有地方，人们不但都在努力寻找共识，而且彼此间会就困难的话题直接开展对话。解决冲突对文明社会至关重要，它在某种意义上对公民之间的和平与和谐也极其重要。

各类专业人士必须管理日益失望、受挫的员工队伍。他们也许学过领导技能，但没有学到切实可行、即时可用的冲突管理技巧。大部分书籍和课程都教人们要坚持某种特定的程式，通常涉及思维模式的改变或重大转变。但大多数人想要的是他们立刻就能做的事情。本书为你提供的就是这种——"一口就能吃下去的"解决方法和有启发性的故事，你可以立马运用其来改善状况，化解紧张局势，解决冲突。令人遗憾的是，卷入冲突的人们看不到出路，这种挫败感有时会升级为暴力。这座大山似乎无法逾越，但事实上并不一定如此。你可以"保持冷静"。让我来向你展示做到这一点的巧妙方法。

仅在美国，每年的诉讼量就超过一亿起。[1] 在全球的许多角落，人们常常用起诉来解决问题。愚蠢的行为发生得如此频繁，以至于我们对其都麻木了。本书的各个章节旨在为你提供一个工具箱，当你需要时，你可以拿起来使用它。该工具箱适用于形形色色的冲突各方：原告与被告、老板与雇员、劳工与管理者，以及处于冲突中的社区和家庭。如果你想先睹为快，可在"结论"那章中查看本书列示的工具箱全貌。否则，就让它在这里以一种会让你感到真实而有用的方式来为你逐步展现。

"保持冷静"工具箱提供了丰富、深入却又可用、有趣的诸多工具，以帮助持截然相反观点的人们文明地展开讨论，从很多不同的角度来解决纠纷、诉讼、离婚和争斗等问题。将和平带到存在不和平的地方，终止争斗，找到解决方法，这是相当有意义的事情。一般而言，这些知识对他人和社会都很有价值，而且对你也是，掌握后，你就能够懂得如何终止争斗、解决冲突、协调分歧。

这项工作是值得做的。正如美国前总统泰迪·罗斯福（Teddy Roosevelt）所言："毫无疑问，生活所给予我们的最佳奖赏是为值得做的事情而努力工作的机会。"[2]

不干仗就能赢了争论，不起诉就能赢了官司，不真的开战就能赢了战役，那该有多杰出啊！本书将使之成为可能。有一个精彩的故事体现了这一理念，那是1912年，泰迪·罗斯福正在以第三党候选人的身份竞选美国总统以连任。他的竞选活动缺少资金。竞选经理让一名工作人员做一些小册子，为一场大型的巡回宣传之旅做准备。该职员发现了一张罗斯福之前担任总统时的精美照片，为了取悦老板，他赶紧印了300万本小册子。当竞选经理乔治·帕金斯（George Perkins）回来时，他立即问道："使用这张照片的许可证在哪里？"这位职员瞠目结舌，无法回答，也不懂知识产权法——使用摄影师的作品需要先得到其许可。

该竞选活动有被起诉或因费用问题而彻底失败的风险。

聪明的竞选经理想了一会儿说："我有个主意。"他给那位摄影师发了封电报，里面写道："我们计划分发数百万份封面印有罗斯福照片的小册子。对于我们选中其照片的工作室来说，这将是一个重大的宣传机会。你愿意付多少钱来让我们用你的？请立即答复。"该摄影师回复电报说："我最多只能出 250 美元。""成交！"竞选经理回复道。一场危机得以避免。[3]

该竞选经理当时可以采用撒谎、威胁或胁迫、收买的方式，或者干脆盗用这张照片。但他没有。他运用了自己的"保持冷静"的做法，让双方都感到安全。他对着会听他说话的人的耳朵说话，避免了争斗，并创造出让每个人都开心的解决方案。

有些人可能会觉得他不诚实或不容易被看穿。若是彼此关系很重要，那么这种方法就不是合适的选择。但如果你正在进行危机公关，那么避免争斗或许是更大的目标。我喜欢威廉·亚瑟·沃德（William Arthur Ward）的这句名言："悲观主义者抱怨风，乐观主义者指望风能改变，而现实主义者则调整风帆。"[4]

"保持冷静"是指看到存在于你周围的可能性，虽然只是看到可能性，但也有其实用性。我们的思维不能开放到漫无边际。无论是真实世界还是隐喻中，生活都有可能是一片丛林，遍地是我们需要避开的鳄鱼窝。我们需要看到机会，但也需要保护自己。"保持冷静"是务实做法，涉及判断什么行得通、什么行不通，以及如何真正解决冲突和问题、化解紧张局势。

在处于"保持冷静"状态时，你是在对着聆听你的耳朵说话。其诀窍在于明白如何有效地做到这一点。我写的这本书各个章节都很短，所以你会很容易消化这些信息，里面有丰富的小片段内容，为那些卷入争斗或争论且看不到出路的普通人和专业人士展示了工具、技巧、故事、趣闻、教训和灵感。你可以立即采取行动，让任何紧张状况有所缓和。本书被定位为开胃小菜、餐前小吃、点心或丰盛美味的自助早餐。

现在，你可以开始获得"保持冷静"的柔和力量了，可以开始学习运用我的故事、趣闻和示例。它们体量很小，因而你可以一次用一个或同时用全部。在面对冲突时，你可以使用这些工具来让自己的生活更轻松。练习得越多，你"保持冷静"的能力就会越来越强。这些工具都经过实战考验，具有镇静效果。它们是一张出狱免费卡（桌游《大富翁》中的卡，允许玩家更快离开监狱），无论你住在北京、布鲁克林还是巴格达，它都是通用的。

让我们开始吧！

目录

为合适的情境选择合适的解决方案

> 如果我们做了我们有能力做的所有事情，我们真的会令自己感到震惊。
>
> ——托马斯·爱迪生（Thomas Edison）

"我讨厌争斗。"

"冲突使我神经紧张。"

"争吵让我感到不舒服。"

"我不知道在这种情况下该做什么。"

"诉讼令人有压力。"

"他与我如此不同，我不知道该说些什么。"

你并不一定非得感受这种无力感。事情并不一定非要变成这个样子。假使有一位脚踏实地的问题解决大师，其会分享各种工具、技巧和灵感，并会向你展示如何做到以下所有的事情，拥有了这些，你会怎么样？

◆ 保持冷静

◆ 缓和争论的激烈程度

◆ 解决问题

◆ 化解纠纷

◆ 了结事情

在有些地方，冲突是通过某人打断你的腿、烧毁你的店铺或绑架你的孩子来解决的。在文明社会中，现存的法律体系可能运转起来代价昂贵、耗费时间，而且往往有缺陷，但它们难道不比上面这种方法更好吗？

本书的读者对象是那些希望能更有效地化解冲突、解决问题或了结事情的人——为了他们自己或他人；作为专业人士、志愿者或朋友；为了同事、邻居、社区、成年子女或姻亲之间的纠纷或紧张关系；或者为了了结诉讼、投诉、权利主张等事情。

了解如何轻松、快捷地解决冲突可以让你所在的法律、商业和社区体系运转得更高效、更成功。被拖入冲突的领导者、调解人员、律师、商人、教师、工会、政府和社区个人，都可以使用本书中的工具，来协调大量人际关系中存在的分歧。争议的解决办法有时候看着很丑陋，有时候显得很粗糙，但工作总是要完成的。不过寻找解决方案的过程往往是美好的。让我们努力做得更轻松、更快捷、更好，作为文明人类，我们有能力实现，这一切都在我们的掌握之中。本书每个章节都有可以立即使用的概念、故事、趣闻、工具或技巧。

何为"保持冷静"

"冷静"是你感觉自己被倾听、被理解、被重视，可以安全地使问题解决成为可能的境况。"保持"涉及为"冷静"创造、维持空间。

因此，不论解决什么问题，"保持冷静"都是最重要的要素，也是第一步。这一行为是使其他一切都成为可能的氧气，即使有冲突，即使可能性有限，即使存在愤怒、恐惧、偏执或欺骗。

"保持冷静"是一种积极又简单的方式，可以为各种可能性创造空间，排干有毒情绪形成的沼泽，完全让某人被看到、被听到，并缓解紧张局面，从而能够找到解决办法。

在担任专业律师调解人的日子里，我一直遭到严厉的攻击和批评，在炽焰中历练出经验。每起案件都涉及一群人持续的争吵、争斗，通常大家都愤怒到想要重创对方或置其于死地。我听到他们的谎言、威胁、影射、愤怒、悲伤和绝望。首先最重要的是，我"保持冷静"。然后我们可以达成交易、解决冲突或了结案件。

秘诀是什么

从法官、律师到行政管理人员和企业高管，我被问过同样类型的问题：

你是如何终止冲突的？

你是如何找到一个看上去不可能实现的解决办法的？

你如何应对一个冲着你大喊大叫的人？

你如何应对一个在哭泣的人？

你如何应对一个不肯说话的人？

你如何应对种族主义、性别歧视、恐同现象或任何形式的歧视？

突破性步骤是"保持冷静"。你首先要问自己：这个人需要什么？以此来为"冷静"创造并维护空间。

找到解决方案、化解冲突、了结诉讼和达成协议均始于"保持冷静"。你越能做好这一点，就越能坚持下去，就越能更快地创造、维持"冷静"状态，情况就越能变得更好，产生积极结果的可能性就越大。

在非常糟糕的情境中，"保持冷静"有效

我调解过一个邮车撞到小男孩的案件，事故造成男孩脑损伤。邮政相关法规禁止司机给孩子们分发糖果，以避免鼓励他们跑到马路上接受他人的好意赠送。在乡下，一位好心的司机每天走同一条路，她想："为什么我不能给沿途的小孩一点糖果、一点快乐呢？"每一天，她都带着一袋不贵的糖果，当她沿路驶来时，孩子们会为了甜美的糖果而奔向她的卡车。

当然，你知道这个故事的走向。有一天她生病了，代班司机走这条路，其完全不知道孩子们会跑到卡车前。她撞到了一个小男孩，致其脑部受损，最终陷入昏迷。

这是个糟糕的局面。

男孩的家人聘请了律师起诉邮政部门。其父亲是卡车司机，妈妈是服务员。这位妈妈因为第二天要作证而感到神经紧张，所以多服了几片安眠药来帮助自己缓解恐惧心理。第二天早晨，其丈夫醒来后发现，妻子死了。

真是非常糟糕的情况。

我不知道该对这个人说些什么，也不知道该如何处理这种状况，但我从"保持冷静"开始。我走进房间，看着他。

他在嚼烟草，戴一顶约翰迪尔（John Deere）牌的帽子，帽檐拉得很低，遮住了眼睛，他瘫坐在椅子上。我只是看着他，说："你究竟在如何应对这件事？"他低沉地怒吼道："我读圣经。"

我压低声音吼了回去："哪一部分？"他叫喊道："约伯（Job）。"我平静下来，说："哦，天呐，你是约伯。"[①]他从椅子上滑到地板上，我安静地在他旁边的地板上坐下来，没有碰他，也没有说话。过了许久，我起身对他震惊不已的律师说："我们去帮这个人了结这件事。"那天结束时，我们协商出了一个财务数字来结案，不必让这个人经受更多的痛苦。

借助"保持冷静"，我们创造了一个空间，在其中，他可以被倾听、被理解、被重视，并且有可能安全地做出决定，即使他几乎不说话。

需要"不输"

一天夜里，我在和两个劲头十足的高管进行商业谈判。我们卡在这个状况上——汤姆（Tom）要求得到 3500 万美

---

① 约伯是圣经中的人物，正直善良，屡遭苦难。——译者注

元，而胡安（Juan）拒绝支付超过 3000 万美元。双方都不愿意让步。我们很可能无法让这两个自大狂谈笑，但还是需要弥合这一鸿沟。通过"保持冷静"，我看到，大家想赢的需求很强烈，而我们没有解决办法，所以我转向了"不输"这一需求。我告诉他们，我们将靠投掷硬币来决定额外的 500万美元的问题。他们狐疑地看着我。我从口袋中掏出一枚硬币，说，要么我们做这个，要么掰手腕。然后我把硬币抛向空中。胡安伸出手，在半空中抓住了它，说道："好吧，我们平分。我公司是上市公司，我不能做这么离谱的事儿——投掷一枚 500 万美元的硬币。"我跟他们开玩笑到："来吧，这将是终生难忘的故事。"打趣了一会儿后，紧张气氛得以缓解，事实上，我们确实让他们平分了相差的 500 万。两个自负的人得救了，其男子气概完好无损。没有赢家或输家，事情了结了。

对"赢"的需求也是对"不输"的需求。经由"保持冷静"，我能够看到，一场 3000 万美元的纠纷可以让一方彻底输掉，而将其重新界定为 500 万美元的纠纷时，我们就重新定义了"赢"这一概念，让两个自大狂感到满意。只有借助"保持冷静"，所有这一切才有可能实现。

你的爬虫类脑

对于我负责的每一个案件，都有一方异想天开，而另一方回应说去死吧。试图只用逻辑和理性来解决问题是不够的，而且这还可能具有破坏性——这是因为，我们没有用我们大脑中的理性部分去聆听。没有用我们的理性脑来做决定，而是用了爬虫类脑[①]（Reptilian Brain）——杏仁核[②]（amygdala），这是大脑中最古老的进化部分，是所有人类的恐惧和消极中心。[1]

这适用于所有人，无论是年轻人还是老年人、富人还是穷人，也无论你是做什么的、长什么样儿、在哪里生活。基于刺激或条件作用或二者，杏仁核会决定我们做出逃避、出击还是静观其变。我们根据直觉做决定，甚至在仔细研究一个塞满数据的电子表格时也是这样——这就是为什么在查看同一个电子表格时会出现如此众多不同意见的原因！任

---

① 美国神经学家保罗·D. 麦克莱恩（Paul D. MacLean）在 20 世纪 60 年代提出假说——人类大脑由三层组成，负责本能的"爬虫类脑"、负责情感的"哺乳类脑"、负责智力的"灵长类脑"。——译者注

② 杏仁核为大脑组成部分，主导情绪产生，有"情绪中枢"之称。——译者注

何东西都得首先经过爬虫类脑，然后才能到达前额叶皮层（prefrontal cortex），在那里，我们可以做分析工作。

"我喜欢你""我讨厌你""我觉得我可以信任你""你吓到我了""你在撒谎"——所有这些想法可以在几秒内产生。

在我们大脑的进化过程中，前额叶皮层是最后形成的。杏仁核最早形成，其可在1纳秒内断定一个物体是棍子、食物还是蛇，并在无须停下来验证信息的情况下做出相应决定。然后，前额叶皮层会证明已经由杏仁核做出的决定是否是合理的。对于杏仁核已经被触发的某个人，试图与其讲道理是徒劳的，这就像相关原料已经做成了果冻。你会毫无进展、浪费宝贵精力，并偏离那些真正能够有效平息局势、有助于找到解决方案的想法。你能够判断杏仁核是否已被激发，因为在其所有的活动中，它都会大叫"我！我！我！"或"我的！我的！我的！"这是需要开始"保持冷静"的信号。

当某人难以对付时，不要只依赖于你自己的理性。只要觉得这个人是个混蛋、骗子或蠢货，你就已经用到了自己的爬虫类脑。这是需要寻求"保持冷静"的信号。这家伙需要什么？怎么做会让他感到被理解？这其中真正的障碍是什么？事情会向哪里发展？

当他人被刺激到，他们的杏仁核激活时，"保持冷静"是你要对他们采取的最重要的步骤，以下是各种各样的触发情境：

◆ 你丈夫正在和邻居吵架。声音越来越大、越来越咄咄逼人。你不知道该说什么、该做什么。你"保持冷静"。

◆ 你的老板冲着你和你同事大喊大叫。她正在责怪、非难你们。你不知道如何让这事停下来。你"保持冷静"。

◆ 你女儿正在和她的老师争吵。你不想干涉，但也不想躲避。你"保持冷静"。

◆ 你的客户反应过度，正在威胁要提起诉讼。你需要让事情回到正轨上。你"保持冷静"。

◆ 你的诉讼对手拒绝听从道理。你聘请了一位能够"保持冷静"的调解人。

无论你是完全没有接受过正规教育还是就读过顶级学校，也不管你是否拥有很高超的技能，我们都是会被触发情绪反应的人类。我们都有弱点和局限性。"保持冷静"与我们人类息息相关，是我们在面对冲突时保持文明的努力。请想想所有你认识的人。我敢打赌，你肯定认识一些遇到普通问题也会让自己情绪相当激动的聪明人，以及会把你逼疯的蠢人。人们与你如此不同，你甚至不知道从哪里开启一场对话。"保持冷静"可以创造出转折点，将对话重新转化为解决办法。

人与人是非常不同的，但在所有的服饰和外表之下，我们在触动情绪时非常相似。愤怒、恐惧、权力欲和自我是人类普遍具备的特性。通过"保持冷静"，你能够使自己对你的处境、冲动或正在恶化的问题拥有掌控能力，这样才有可能找到解决方法。

当你没有"保持冷静"时，你可能会表现出以下一种或多种行为：

◆ 准备做出反应

◆ 对他人评头论足、吹毛求疵

◆ 变得傲慢或自大

◆ 翻白眼

◆ 做出恶意、刻薄、讽刺性、诋毁性评论

◆ 有惊慌失措的情绪反应

◆ 发表贬低他人的言论

◆ 使用表达轻蔑的肢体语言，尤其是无礼的手势、转过脸、交叉双臂

◆ 噘嘴或咆哮

◆ 脸上露出你认为别人在说的话很荒谬的表情

在这些情况下，你所做的一切都是在刺激他人的杏仁核，这甚至会让他们听不到你、看不到你，更不用说被你说服了。他们所看到的只是对自己的拒绝和排斥，这让他们变得戒备、不合作或不回应。他们当然不会愿意聆听你的话。

不要忧虑，我们都会这样做。我们都是人，都会被触动情绪。情绪反应是人类体验的组成部分。

在任何消极、敌对或争论的情境下，第一步要做的都是"保持冷静"。

当我们"保持冷静"时会发生什么

只要决定"保持冷静"，你就立马有了以前可能没有的选择。你就会看到更多，听到更多，了解、理解更多。你将有好奇感、力量感。在混乱的情境中，你将有一种控制感。你会想出自己以前从未想到过的选项和主意，因为你处于积极活跃、强大高效的"保持冷静"状态。

为了能"保持冷静"，你必须对着在聆听你的耳朵讲话。这样做时，你就能看到他人，看到他们的需求。如果他人觉得自己的立场没有得到体贴周到、公平公正的考虑，他们就不会有兴趣为了一些更有成效的事情而放弃自己的立场。

"保持冷静"对打开心灵、思想或眼睛、耳朵是完全有必要的。它能让我们脱离情绪高涨或傲慢自大的轨道，从而可以从另一个有利角度来考虑面对的状况。

假如你问年轻人长大后想成为什么样的人，大多数人会说："我想成名。"他们不会说："我想成为演员、棒球手或音乐人。"而是"我想成名。"为什么？成名究竟有什么样的巨大吸引力呢？大多数名人都活得苦不堪言。他们没有隐私，生活在持续不断的冲突或恐惧中。这怎么能让你的生活更美好？如何让你幸福快乐？我相信，答案很简单，这些年轻人希望被看到、被听到。

这种需求是全球范围内存在如此之多电视真人秀节目的原因。人们会为了在国家电视台上短暂出名而放下身段。为什么？因为他们希望被看到和听到的需求是如此强烈。在进行培训或发表演讲时，我询问听众，有多少人在其主要关系中感觉自己得到了充分的关注和重视。遗憾的是，比例很小。这可以做得更好，好得多。"保持冷静"是一种看待他人的方式，这种方式可以使他们感觉自己被关注、被倾听、被重视、被欣赏。在那一刻，它是你能提供的最好的解药。

当你运用本书中所有的技巧、工具、趣闻和故事来"保持冷静"时，你就是一个——

◆ 在救火的勇敢的消防员

◆ 在分享真实世界知识的敬业教师

◆ 在用自己丰富的实践经验培育他人的智慧的祖母或外祖母

◆ 在维护公共安全的正直警察

◆ 在说明如何避开沼泽的专业的荒野向导

◆ 有着可以倚靠的肩膀的、体贴入微的朋友

◆ 在他人无意聆听时的仁慈的天使

在发生冲突、纠纷、分歧和争斗的时候，"保持冷静"会让你有广泛的选择，这样你就能根据眼下的状况采用合适的方案、采取合适的行动。

你首先就是要做出"保持冷静"的决定。然后打开本书中以易于使用的样式展示的工具箱，选择一个工具、故事或趣闻。

只要决定"保持冷静"，你就已经成功了四分之三。若你尝试的第一个工具不奏效，那就选择另一个。借由"保持冷静"，你正在创建并维持一个可以让这些工具发挥作用的环境。

无论你是什么身份——律师、调解人、商人或社区积

极活动者，在处理什么问题——小额索赔、数十亿美元的纠纷、婚姻问题、健康问题、教育纠纷、社区冲突、国际事务、贸易纷争、民事侵权或不当行为，这些工具都适用，哪怕是对那些难对付的人——尤其是对这些难对付的人。

有趣的是，像调解人、律师、商人和社区领导者这样的专业人士会使用这些工具和技巧来解决冲突、缓和紧张态势、了结案件、达成一致。同样是这些专业人士，他们也会使用这些工具和技巧来解决与家人、邻居和朋友在家里的问题。我们所有人都需要"保持冷静"这一方法，因为人类都会不由自主地卷入冲突。

为缓和紧张态势创造条件、做好准备

"保持冷静"是走向问题解决的第一步，它可以很简单。你要专注于眼前的情境。你要用心看，这样你就能明白发生了什么。你要用心倾听那些没有被说出来的话。请将自己与面前的戏剧性事件分离开来，这样你就有了空间——一条让你能够"保持冷静"的护城河。然后使用故事、趣闻、方法、已经确认的话术、聆听技巧、转移话题，或者只是深度聆听。你越能做到这一点，就能看得越深、听得越多，你越能"保持冷静"，就能获得越多的成果。

通常，如果一个人的第一个主意不奏效，那么调停尝试就会失败，争斗就会升级。然后对方就成了"混蛋"，境况会变得极其艰难，而且似乎毫无出路。金钱、时间、资源和关系都会遭到不必要的消耗或毁坏。

事情并不一定非要搞成这样。如果用更文明的方法来解决纠纷、问题和冲突，那么我们与同事、老板、家人、朋友、邻居和商家的所有这些关系都会得到改善。"保持冷静"可以渗入我们社会的各个角落。你不需要高级学位、专业训练、资格证书。你所需要的只是一个好脑子、一颗有意愿的心，以及用于"保持冷静"的各种工具。

这就是让我们变得文明的方法："保持冷静"。

接下去让我们进一步探讨这个问题。

第一部分

话语及其运用

衡量一个人的智力是否一流的标准是，
观其是否具有这样的能力——大脑中同
时容纳两种相互对立的思想，却仍能保
持正常行事的本领。

——F. 斯科特·菲茨杰拉德
　（F. Scott Fitzgerald）

我们把与他人的争吵发展成修辞，而将
与自己的争吵创作成诗歌。

——威廉·巴特勒·叶芝
　（William Butler Yeats）

第1章
"你以与人交谈为生？"

> **站起来说话需要勇气，坐下去倾听也需要。**
>
> ——约瑟夫·A. 莱凡特
> （Joseph A. Lefante）

在讨论解决方法时，我喜欢首先告诉人们，逻辑（logic）、推理（reason）和理性（rationale）是他们手中最差劲的工具。他们都笑了。他们已经尝试过这些东西，确实不奏效。

我的大部分调解都是从原告说他们想要一亿美元，而被告说"给你一万美元，拿上走吧"开始的，然后双方就各自的观点辩论起来，都试图证明自己的诉求是多么正当。在这项游戏的历史上，从未有过一方对另一方说："你说得对，我没能准确分析这个状况，我的研究、调查都做得不恰当。你的逻辑和推理更好、更高明。你说得没错。感谢你针对我的愚昧无知大声争论。我这就离开。"

　　大多数人都不能很好地沟通或倾听。大部分人根本不会聆听，或者即便他们在听，心里也已经知道自己将要说些什么，只是假装有礼貌，稍待片刻后再说出来。这种时候，人们做的就是耐心等待、轮流发言。但是倾听——这需要成熟的处事态度和接纳能力，当我们陷入分歧或争吵时，会缺乏这些东西。身处冲突时，我们会遭遇听觉排斥（auditory exclusion）和视觉内含（ocular inclusion）问题。这是神经科学中描述我们不再听、不再看的花哨说法。即使另一方喊得更大声、威胁得更凶猛、实施贿赂或撤回诉求，冲突也无法得到解决。它可能会被埋藏一段时间，但会保持活跃状态。

　　我是从 1983 年开始做调解工作的。在美国律师协会（American Bar Association）的一次会议上，我遇到一位女士，我询问她是做什么的，你知道，那就是典型的午餐闲聊。她说她是调解人。我很惊讶，问她："那是什么？"待她解释过后，我差点大叫起来："你的意思是，你以与人交谈、解决问题为生？"这让我着了迷。

　　那时我还是一名年轻的女出庭律师。那些日子里，我被称为"小女人"，没人想要听取我的意见。我的任务只是录取证言或为另一位律师书写案情摘要。那个时候，我有多能干并不重要，女性能获得的机会非常有限。

作为一名年轻律师，我的第一份工作在一家知名的律师事务所。我布置了自己的办公室。居然能拥有一间办公室，这让我很兴奋。我买了一套华丽的办公桌，上面有两个漂亮的球形镇纸。事务所的一位男性合伙人反对雇用女律师，他神气十足地走进我的办公室，抓起我的一个球形镇纸抛向空中，盛气凌人地问道："这是什么鬼东西？"我微笑着说："每位律师都应该有球（balls）。①"他瞪了我一眼，放下镇纸，再也没跟我说过话。

怀孕后，我觉得事务所不敢解雇我。资深合伙人是我的主要支持者，因为他看到我确实有潜力，但即便如此，这种支持也是有弹性的。当孕期满9个月时，我向一位联邦法官申请了司法书记员的工作。我在那位法官的办公室等待面试，他到来时，看到我穿着巨大的、帐篷般罩住我怀孕9个月身形的衣服，冲我笑了笑，然后问秘书他12点的面试是否可以进行了。秘书朝我点头示意了一下我就是候选人，他的

---

① "balls"一词除了"球"，也有"睾丸"的意思，而镇纸是球形的，作者这里运用"双关"巧妙地嘲讽了这位歧视女性的男性合伙人。——译者注

脸突然变得煞白。幸运的是，面试很顺利，我得到了那份工作。显然，怀孕会对我有帮助。

司法书记员职位的神奇之处，在于我了解到人们是如何做出决定的。之前我太天真了，以为人们会仔细研究证据并运用演绎推理来做出决定。天呐，我弄错了。所有的决策者都是人类。人类会有偏见、先入为主的观念及过滤筛选特性。我毕生都在研究人类的决策，这些观察是我研究的起始。

逻辑、推理和理性思维似乎是极差的说服技巧。很多人为因素发挥了作用，包括信息的呈现方式或证人的可信度。例如，人们也许会觉得，那个人看上去像迈克老兄（Cousin Mike）①，而我们知道，迈克是个骗子。我们会喜欢大公司，也会讨厌大公司，会信任政府，也会不信任政府，等等。对"T"事实的探索通常得到的是很多"t"事实，②它们来自不同的视角，使用不同的标准和滤镜。人类的决策是复杂的，

---

① 此处的"Mike"应该是作者随便找的一个名字，并非特指某人。美国很多人家里都会有叫 Mike 的表兄弟。不过，也可以联想一下美剧《金装律师》（*Suite*）中的人物 Michael James Ross / Mike Ross，该人物作为律师，无证执业，可以算是骗子（liar）。——译者注

② "T"事实指不可改变的事实，有充足的证据支持；"t"事实则是人们选择相信的事实。——译者注

哦，还相当有趣。

回看 20 世纪 80 年代早期，对于女性，即使我有很出色的简历，也很难找到工作。我最终在一家小型律师事务所落脚，那里的男性高级合伙人知道，他可以通过雇用女性来廉价获得杰出人才，因为大多数事务所都不会雇用女性诉讼律师，尤其是那些直言不讳的女性。我从他那里学到了很多东西，因为他在我上班的第一天就把我抛进了深渊（让我独自应对难题），我立即开始努力处理案件。

我赢了本该输的官司，输了本该赢的案件，这样过了几年后，我对"这项游戏"心灰意懒。你越有钱，可以买到的人才就越多，能够操纵的专家证言报告就越多，能促成的判决就越多——这似乎不公平。无论输赢，客户往往同样不满意。但是现在，这个调解工作，与人交谈并设法搞清楚状况，于我而言要有意义得多。

🍵 调解工作打开了我的心境

当年，人们还普遍不了解调解工作，认为它是一些过于情感化、婆婆妈妈的行为，或是工会为了避免出现罢工而做的一些事情。如今，值得庆幸的是，调解已成为全世界法律体系中不可或缺的一部分。它存在于所有美国司法系统和大多数商业组织系统中，通常用于解决甚至预防冲突。三十多年前，我帮助起草了得克萨斯州相关法律，使法院有权命令当事各方进入调解程序。该项法律已复制到了全美各地，现在，调解已是司空见惯的事情。其他国家也效仿了这一做法，像风一样，调解已快速传遍全球。多么美妙啊！通过消除愤怒、痛苦、恐惧、不公和冲突，调解过程本身能为人类带来文明。

我很幸运，在超过 35 年的时间里，我一直拥有一个实验室，可以在其中做练习、做实验、游戏以及开发新技术、工具、方法和故事，以帮助人们更有可能达成一致。

"保持冷静"这一方法是如何诞生的

"保持冷静"能够让我们以一种切实可行的方式向前行进、克服或超越冲突——这不是一种理论或者应该奏效的某个人的观点，而是真正对人类有效的方法。"保持冷静"意味着人们能够被倾听和聆听、被了解和理解、被尊重和重视、保持安全状态。不论是面对你所认识的最单纯、最温和的人，还是面对最粗暴、最苛刻的人，你都需要知道这种方法。

于我而言，学习有关损失厌恶（loss aversion）的有趣心理学知识是一件可以改变游戏规则、打破格局的事情，我将在第 9 章就其做更深入的讨论。[1]

想要立即用有趣的方式来测试这一知识点吗？来，请在你的孩子或孙辈身上实践起来。对于本书将要呈现的内容，下面的故事可以让你领略一二。假设我希望我的孩子能在每天早上整理床铺。通常的策略是，她整理床铺，我给她 25 美分。在一小段时间里，也许她能遵从该项规则，但之后，这种家务活对孩子来说就会变得很无聊，为了 25 美分来干就不值得了。床铺又会变成一团糟。假使你一次给她 7 个 25 美分硬币，一周 7 天，一天一个，将它们一字排开放在窗台上。每一天，如果她不整理床铺，你就会拿走一个，这样做会怎么样？现在她拥有 7 个 25 美分硬币，而你要从她那里拿走一个？门儿都没有！突然之间，这些硬币变得非常有价值，因为它们已经属于她了。她也许会失去一个硬币，但在随后剩下的 6 天里，她将会每天整理床铺。她不需要吸取两次教训。对于遵从规则来说，这是强得多的有效信息。你恐怕要认为，这种做法只对孩子奏效，事实上相反——它对大多数人都有效。一旦某人拥有某物，他 / 她就更想留住这些东西。你可以将这个方法应用到各种各样的情境中。

你想再看看另外一个例子吗？假设我有一张彩票，奖池金额为 100 万美元。这张彩票花了我 1 美元。如果你要买我的彩票，愿意付多少钱？现在，改变一下场景。你拥有这张彩票——奖金还是 100 万美元，同样花了你 1 美元。如果你想要卖出这张彩票，最低售价是多少？这两个数字一样吗？从数学和逻辑的角度来看，它们应该一样。然而，对于 80%~90% 的人（涉及所有不同文化、社会性别、种族和社会经济群体）来说，这两个数字是不同的。

我设计了这个小游戏，并在很多不同的培训活动、小组会议甚至调解工作中使用过数十次。结果总是一样：80%~90% 的人选择了不同的两个数字。为什么？因为属于我的东西总是看着比属于你的更有价值。相比我想得到且可能得到的东西，我更不愿意失去已经拥有的有价值的东西。此外，人类往往想要得到更多。我们不喜欢自己的东西被拿走。我们认为，更多的东西会让我们快乐、幸福，能填补我们心灵的空洞、治愈童年的创伤。我们希望感到被尊重、被重视、被关怀照顾。无论是和蔼、温柔的心灵，还是粗糙、强硬的 A 型人格，莫不如此。

理解这一点是"保持冷静"的一种形式。它构建起一种情境，这样人们就会认为局面对自己有利。它让人们重新界定属于自己的东西，因为我们都不喜欢失去。甚至在争夺权力的过程中，这也能发挥作用。

请继续阅读，你会惊奇于可能会发生的事情。

第 2 章
对着在聆听你的耳朵讲话

以眼还眼只会让整个世界都眼瞎。

——圣雄甘地（Mahatma Gandhi）

你喜欢什么口味的冰激凌？你是巧克力爱好者还是香草爱好者？你喜欢焦糖饼干那样甜蜜、香浓的甜点，还是清淡、水果味的草莓露？如果我们都一样，那就都会喜欢相同的口味，对吧？为何那个人喜欢黑巧克力，而这个人偏爱水果？你的观点是保守的还是更自由一些的？你是对事物一成不变的样子感到舒适，还是想要打破常规、做一些新的事情？你如何辨别？

感激、认可、同情与共情

在"保持冷静"时，你会眼里有他人，并决定用什么语言来与他们讲话。什么内容会引起他们的共鸣？他们愿意听什么？你如何打开他们的耳朵，让他们聆听你想说的话？

"认可"是一项很奇妙的工具。当人们听到"你知道你的优点是什么吗？"这句话时，他们的耳朵会立马打开。或者可以试试这句："这很有趣，请多给我讲讲。"当人们感觉自己被接纳且可能被重视时，他们会倾向于倾听。向日葵是向日性（heliotropic）的，意思是它们会转向太阳。而人类是向自我性（selftropic）的，我们会转向那些重视我们、包容我们、欣赏我们的事物。只有"感激"还不够，"认可"是魔法仙丹。

如何对比"感激"与"认可"？

◆ "感激"是我的感觉。

◆ "认可"是我给你的感觉。

同样地，如何对比"同情"与"共情/同理心"？

◆ "同情"是通过你自己的眼睛去看，应该看起来像怜悯。

◆ "共情/同理心"是通过另一个人的眼睛去看。

对他人抱有"同情"还不够。你必须超越"同情"才会有"同理心"。

想一想"你是你五位最亲密朋友的总和"这句话，以及来自韦斯利·斯奈普斯（Wesley Snipes）的这段引语："你的圈子应该希望看到你赢。当你有好消息时，你的圈子应该大声鼓掌。如果没有，那就换一个新圈子。"[1]有多少人真正拥有完全支持他们、倾听他们、为他们欢呼喝彩的家人或朋友？如果是这样的话，我们就不会有如此之多的心理治疗师专用沙发了。

借助"保持冷静"，你可以及时地给予某人一个安全的地方，令其感到被倾听、被聆听、被重视、被理解。每个人都需要这些，从清洁工到坐在楼层角落大办公室里的首席执行官。我曾经和一些健壮而有权势的高管打过交道，他们穿着数千美元的套装，真的只是需要被理解或被认可。

仅仅是"保持冷静"，你就能看到更多，理解更多，获得更多可以帮助你决定说什么或做什么的信息。如果某个人在无休止地说话，说明他们的耳朵还没有打开，那何必费心将优良的种子播在干涸的土地上呢？为什么要对他们感到懊恼、失望呢？让他们尽情地说，根据他们所说的内容来确认你能做些什么，然后提出一个不错的开放式问题——即便这个问题是"你觉得我有不同意见吗？你有兴趣听听我的意见吗？"

神经科学与人类的互惠偏好

如果你全神贯注地聆听他人，并且看上去能明白其所说的话，那么他们就会有回报的冲动。假如你在他们讲话时"保持冷静"，则效果尤其好。你真的倾听他们了吗，还是只是等着轮到你说话？你在脑海中与他们争论了吗，还是尝试过理解他们的观点，即便自己认为那是错的？你能从他们的话语中看到至少一丝价值吗，你告诉他们了吗？如果是这样，你就赢得了来自他们的互惠——他们会倾听你的观点。它使状况平静下来，从而有可能浮现出解决办法。伟大的美国作家马克·吐温（Mark Twain）曾说："合适的话语与差不多合适的话语之间的差别就像闪电（lightning）与萤火虫（lightning bug）之间的差别。"[2]

在"保持冷静"并聆听时，你并不需要一定认同对方的观点，而是只要倾听并理解就好。喜欢互利互惠是人类固有的特性。[3] 正是这种特性使我们得以逃过剑齿虎的攻击和来自其他部落的威胁而存活下来。如果我为你付出，那么你也将为我付出。欠别人的债是令人苦恼的事情，偿还的欲望会很强烈。即便只是你聆听了我的话，我也觉得有一定的必要来倾听你的。

行为心理学家已做过成千上万项研究来证明这一点。[4]谈判天才会做出让步，因为他们知道自己会得到回报。即使在紧张的状况下也是这样。如果你为我做了什么，我就会觉得有一种天生的需求——也要为你做点什么来回报你。你是否曾受邀去朋友家共进晚餐？你带了鲜花、酒或甜点去吗？在晚餐结束前，你不是已经在考虑自己能如何回请了吗？甚至对于陌生人或你不喜欢的人，互惠偏好也会起作用。在这些情况下，只是你愿意付出的量有所变化。借助"保持冷静"，你可以通过提供一些东西来改变对话的整个基调。这些东西甚至不一定要有多重要，可以是一杯咖啡或茶，一把靠窗的椅子，或是对方想要的音乐台。

一位智者曾经指出："仇恨和评判无法搭建通向美好未来的桥梁，只会将其烧毁。合作与外交才是筑造它们的构件。"据报道，迈克尔·乔丹（Michael Jordan）当年在北卡罗来纳大学（University of North Carolina）读大一时，他的教练曾对他说："迈克尔，如果你不能传球，你就不能打球。"就算是超级巨星，合作也是必要的。

假使有人拒绝说话该怎么办

就算某人双臂交叉、表情严肃或脸上眉头紧锁，"认可"依然能起作用。你可以说："你似乎担心这件事会处理不当。"或者说："你是想在这里参与讨论解决方案，还是就让其他人来做出决定？"

"保持冷静"会让你相信，根本就不存在"问题"这种东西，只有解决方案在等着你去发现。这样一来，你就有了更多的选择、思路和方法可以尝试。它有助于建立一种基于解决办法的思维模式。

阿伯克龙比和肯特（Abercrombie and Kent）是一家高端旅游公司。我听说过一个有关该公司一位销售人员的精彩故事，他让一整屋的舍不得花钱的富有退休者完全改变了主意。邦纳（Bonner）当时正在做一场演讲，试图让富裕的退休者签约参加他的环球旅行项目，这要花费一大笔钱。可以理解的是，这群人在花钱方面谨慎而保守，不愿意接受如此奢侈的支出。他把话说进了那些在聆听他的耳朵里。他讲了类似这样的话："我尊重你们所有人，也明白，你们有钱是因为你们在花钱方式上一直很保守。这就是你们拥有大量存款的原因，你们将在去世后把这些存款传给你们的孩子。不用担心，就算你们选择不去这样的奢侈旅行，你们的儿媳也能享受其中。我们有很多年轻夫妇客户，他们使用自己继承的遗产，能够负担得起像这样的绝妙旅行。"这些退休者听到后纷纷而至，狂敲其门，来签约这趟旅行。

这一策略是"保持冷静"的一种形式。你需要了解，对人们真正重要的是什么，之后，这将帮助你转变他们的观点。如果你想要人们倾听并考虑你说的话，那就要对着在聆听你的耳朵讲。节俭的为人父母者不愿意把钱花在昂贵的旅行上，但当他们得知自己的遗产会很容易被用掉，而且有可能是被很轻率地挥霍掉时，就会激活他们的"损失厌恶"按钮。"我不去，不能花我的钱。可是如果有人要花我的钱，那我就要去！"

我丈夫是一位航空公司的机长。有一次，一个粗鲁的男人对他说："你其实什么都没做。它处于自动驾驶状态，你只是摁摁按钮，对吧？"我丈夫的"保持冷静"式回复是："是的，的确是这样。但我懂得按哪些按钮，以及按的顺序。"对话结束，紧张气氛化解了，大家都面露微笑。

这种互动没有造成紧张气氛，因为他处于"保持冷静"状态。他确保了这位绅士能够感受到自己被倾听，没有遭到鄙视或批评。他没有中圈套而发火，做到了"保持冷静"。

第 3 章
几乎、从不、总是、绝少、很多

领悟字里行间、言外之意的艺术是智者毕生的追求。

——香农·L. 阿尔德
（Shannon L. Alder）

几乎、从不、总是、绝少、很多，这些词语的真正含义是什么？请你以百分比的形式来考虑一下。一个人说"绝少"并认为这意思是"1%"，另一个人也说"绝少"但指的是30%，则二人的表达大相径庭。

你可能会惊讶地发现，描述次数时，有些人认为"总是"等于100%，另一些人则坚信"总是"意味着75%；某些人觉得"从不"指的是0%，而另一些人则当作20%。如果你和你的邻居对"从不"的定义分别是0%、20%，那你也许会觉得他是个白痴，反之，他也会认为你是白痴。这种对词语的简单解释就会引发冲突。或许更小的事情都会让战争爆发。一条被误解的评论可能会变成一种侮辱，进而变成一场战斗。

在我做过的无数次调解和谈判培训中，我都要求参加者用百分比写下"几乎、从不、总是、绝少、很多"这些词在表达次数方面的含义。

这些数字"总是"——嗯，通常情况下——会同时出现。认为"从不"指0%的人会震惊地看到，有很多人认为它是10%甚至20%。我曾目睹激烈的争吵突然爆发，参与其中的人们极度怀疑彼此并试图将自己的观点强加给对方。他们会指责我操纵游戏，并很奇怪怎么可能存在有人对词语的含义理解得如此不同的情况。这个练习会让人大开眼界，你可以在群体或社区中尝试做一下。以此作为"保持冷静"的一种方式，你会对结果感到惊讶，它们会打开你的视野，产生神奇的功效。

在冲突中，人们总是（在这里，我指的是95%）会使用这些词语。你得要求人们量化他们的语言。这项有用的诊断工具可以为你提供更准确的定义和更清晰的信息，并且能开启对话。当律师在其委托人面前说："陪审团总是这样做"或"法官从不那样做"时，该委托人可能会认为，这是指真正的100%。如果你直接询问律师，陪审团或法官会做或不做的百分比是多少，将会得到与委托人所认为的不同的百分比，这就开启了关于风险的良好对话。

你恐怕会认为，这只会发生在代理人之间，请让我向你保证，它会发生在各种人之间——丈夫与妻子之间，双亲与孩子之间，商业伙伴之间，联合律师之间，朋友之间，你自己的工作场所或其他地方的同事之间。请你与自己的家人或工作场所的成员展开实践活动。你会非常惊讶地看到，与这些常用词语相关的百分比会呈现出宽的钟形曲线 / 贝尔曲线（bell-curve）。[①] 问题是，当有人斩钉截铁地说这"从不"发生时，就可能会结束对话，从而白白错过了如此之多的潜在有用信息，它们没有被挖掘、研究。

如果你提问，在次数方面，"绝少"发生所对应的百分比是多少，这个定量问题就会开启一个扩展性的对话。是 0%、20% 还是大概 30%？每个答案都会改变方程式。如果你将语言障碍（language barriers）和翻译矩阵（translation matrixes）加以考虑，问题就会被放大。"保持冷静"可以开启让新的见解和可能性存在的对话。作为冲突化解者、问题解决者和

---

① 描述正态分布的曲线，样子像钟的轮廓，宽的曲线说明数据分散。——译者注

谈判者，这不正是我们应该做的吗？

请想象一下，两位"二战"盟军指挥官正在激烈讨论战略问题。英国指挥官说："我们需要讨论这个问题（table the issue）。"美国指挥官喊道："你疯了吗？我们不能搁置这个问题（table the issue）！"英国指挥官坚持，而美国指挥官拒绝。最后，有人向英国指挥官提出了一个关键性问题："你说的'table the issue'是什么意思？"他坚决地回应道，这意思是立即将问题摆上桌面讨论。美国指挥官哈哈大笑，告诉他，在美语中，"table the issue"是指把它推开不讨论。[1]

有多少战争、冲突和争斗是从误解开始的？美国社会科学家亚瑟·布鲁克斯（Arthur Brooks）明智地指出："从来没有人因为被侮辱而与对方达成协议。"[2]

请尝试使用下面的词语特异性（word-specificity）工具来获得更好的清晰度。要确保你处于"保持冷静"状态，对对方所说的话保持开放和接纳态度。在这里，你的语气和你的话语同样重要。请提出类似下面这样的问题：

◆ "你这句话是什么意思？"

◆ "这种情况发生的百分比是多少？"

◆ "这样做的实际成本是多少？"

◆ "那它如何奏效？"

◆ "你能说一下你正在考虑什么吗？那样我就能了解你
   对此的想法。"

这个"保持冷静"工具在开启对话方面具有奇妙的作
用，人们总是对结果感到惊讶——嗯，95%。

第4章
如何倾听对方未说出的内容

他们也许会忘记你说过的话——但他们永远不会忘记你带给他们的感觉。

——卡尔·W. 布纳
（Carl W. Buehner）

35 岁时，我是有着两个孩子和一条狗的已婚人士，过着忙碌而疯狂的生活，并且已经做了 10 年左右的调解工作。我做出决定，我要回馈社会，做一些慈善工作，尽管时间有限。我为当地的自杀危机热线服务做志愿工作，因为他们愿意让我一个月上一个 4 小时的班次。培训期间，他们要我取一个假名，所以我们都是匿名工作的。我心里想："完美！我可以做一些好事，能够完成分配给我的轮班，上班、下班，自我感觉良好！"

当时我傲慢、自大，对自己相当有信心。我知道自己很擅长调解工作，并认为自己知晓所有的答案——这显然是招来灾祸的根源。如果你觉得自己有点能耐，宇宙就会说："很好，是时候做个突击测试了！"这从来都不是一件容易的事，而且罕有好结果。

我参加了两周该热线服务组织提供的基本倾听培训，大概没怎么听进去。我觉得自己什么都懂，迫不及待地想接听来电。第一次轮班时，我接到一个感到绝望的人的电话，她的生活艰难而糟糕。是因为她的选择、环境、厄运还是因果报应？谁知道呢。我很努力，给出了很棒的建议，并提供了资源，帮她列出了一份清单来改变她的生活。这个电话打了一个小时，结束后我筋疲力尽，不过很为自己感到自豪。然后，一位叫埃丝特（Esther）的蓝发小老太太向我走来，几乎是冲着我吼道："你做得完全不对！"

我大吃一惊，目瞪口呆。什么，我全错？我可是帮了那人大忙，至少我是这么认为的。她耐心地在我身边坐下来，教我在培训时没有学会的东西。人们打电话来是因为他们在生活中没有倾听自己的人。我们的危机热线服务所做的有限工作就是简单地聆听他们，让他们感受到有人在倾听他们，感觉自己有能力做出艰难决定来改变生活现状。我的建议、指导和咨询只会显得我比她聪明、我的生活井井有条且高效。这真是错得离谱！我的真诚努力也许会让她感觉更加糟糕、无能力为、一文不值，剥夺了她掌控自己人生的能力。

我坐着想了好久好久，决定听从危机热线服务组织的建议。我做到了倾听。在想要说话或提供建议时，我就咬紧牙关忍住不说。我有意识地点头，尽管是在接听电话的时候。我复述人们所说的话，并表述他们的想法。我提出问题——不是为了获取答案，而是真诚地询问。我的目的是让人们感到自己被倾听、被赋予力量、被认可，即使是在最小的细节上。

我从那个志愿者零工中得到的东西要比我付出的多。我学会了如何倾听——要倾听话语背后的心声，倾听对方未说出的内容，以及要做到深入聆听。这完完全全地改变了我和我的工作。人们会说我"懂"他们。这是什么意思？这意思是说，他们觉得自己被倾听了、被看到了，觉得自己是有价值的。有人在为他们"保持冷静"。

即使在商业调解或政治活动情境中，我们与诸多个体打交道，所有人也都需要感到自己被看到、被听到、被重视，即便当他们是错的、做了糟糕的决定或表现很差的时候。

纵然你认为或感觉自己不会取得任何成果、解决任何问题或做成任何事情，但若能做到真正倾听他人，那么也会起作用、有效果。你能给予他人的极其宝贵的礼物正是这种深度聆听。人们比你想象的更机敏。那些被赋予力量或相信自己有能力攻克自己的问题的人会变得更加顽强、自信。

谢谢你们，埃丝特及自杀危机热线服务。

第 5 章
沉默的魔力

机敏是能够表达观点且不会树敌的本领。

——霍华德·W. 牛顿
（Howard W. Newton）

沉默的魔力，嗯，可以很神奇。它为各种可能性打开了空间。

☕ 这是你能做到的最好的吗

当你在谈判时，请记住，大多数人都会对静默感到不安。在他们给出一个数字、要求或提议后，你只需简单地询问："这是你能做到的最好的吗？"然后等待，让静默充斥整个空间。这个策略是"保持冷静"的另一种方式。在与他人发生冲突时，请聆听他们所说的话，然后记着这些话，静静地坐着。如果他们纠缠你或要求你给予答复，你就回答："我正在考虑你说的话。"然后让静默停留在那里保持一会儿。这会大大削弱他们的信心、动摇他们的决心。

几乎每个人都对静默感到不舒服。它就像厚重而潮湿的雾一样躺在那里。人们可能会开始担心、焦虑："发生了什么？我该说什么？她是怎么想的？他在做什么？我该做什么？"若你保持沉默，最常见的情况是，人们会赶紧把这个空间填满。他们可能会做出让步、解释、泄密、暗示、透露情况，甚至坦白承认某事。任何脱口而出的东西都不会是深思熟虑或反应灵敏的结果。之后，你的响应应该是说："哦，我明白了。"然后"保持冷静"并再次等待。这可以冲破阻力，为某些事情的发生创造空间。借助保持沉默，你可以得到信息、处于控制地位，并在变化的局势中获得力量。

"保持冷静"是一种真实的存在方式，所以在运用沉默时要谨慎小心。它是工具，而不是武器。沉默有时会激起愤怒、懊丧或严厉指责。若你保持沉默，其他人会感到被倾听了吗？他们会认为你在考虑他们所说的话，还是对其充耳不闻？为你和他们"保持冷静"需要你与他们进行互动，即便是在静默中。你如何能够在保持沉默时也表示出自己在聆听呢？点头、看着他们，或者甚至是微微一笑或做个鬼脸，这些都能表明你听到了他们在说些什么。请记住，"保持冷静"是真实的。你不必认同或假装认同对方，只需要身心都在场。假如有人觉得你傲慢自大或在等着别人说"我明白了"，则会引起负面反应，并毁掉你已经营造出来的一切友好气氛。沉默应该要么是有礼貌的等待空间，要么是获取更多信息的机会。

首先，我们"保持冷静"

几年前，我就是否应该在公立学校教授圣经这个问题做过一次大型公益性社区调解活动。每个人都非常生气。很多人坚决反对，另一些人则极力争取将圣经作为历史或文学来教授的权利。利伯缇大学（Liberty University）是一所基督教学院，已经设计好课程并对其投入了人力物力。美国公民自由联盟介入其中以维护政教分离。一名联邦法官也被牵涉，还有众多家长、教师、学校董事会，甚至一名国会议员候选人也被牵涉进来。总而言之，整个事件呈现出复杂、混乱的局面。

我们从"保持冷静"开始。当所有各方开始感到被倾听并参与到寻求解决办法的进程中时，我们开始看到走出混乱局面的路径。我靠启动会议建立起了信任和融洽关系，之后，在一个所有人都可以出席的大型会议场所，我召集了第二次会议。我将白色的活动挂图纸贴在墙上，在每一页上都写了一些问题，并在周围到处放置了多色马克笔。在安排好会议、说明了任务、服用过乐观主义这个灵丹妙药之后，我让该40人群体自由地在墙上的纸上写下他们的任何想法。

为了更容易"保持冷静"，我坚持要求，我们要在静默中做这件事。我播放着柔和、轻松的音乐。有几个人因为我不允许说话而更加生气了。我一直"保持冷静"，并维护了该过程的边界。人们只聚焦于自己的答案，然后，神奇的事情发生了。他们开始看别人写的东西。有人微笑，有人点头，有人皱眉，但真正的理解开始出现了。

后来，人们走过来对我说："上帝保佑你，我以前从来没明白过""我是个内向的人，我一向无法让别人听到我的声音"，还有甚至是来自那些最吵闹的人的简单的一句"这很有趣"。一周后，我们制订了一个有社区参与的新计划，并获得了联邦法官的批准，学区因而平静下来。

总而言之，经由"保持冷静"，我们度过了美好的一天。

🍵 工作场所的静默可能会很难看

当恶臭的情绪占据空间并逐步溃烂时，我们能做的就只是争先恐后地寻找释放阀。我们能如何找到解脱办法呢？首先要自己"保持冷静"，然后让他人"保持冷静"。你可以提出问题："我伤害了你的感情吗？""你需要我做些什么吗？"或者"你需要一点帮助吗？"请记住，你不知道他们脑子里在想些什么。我们每个人都是我们自己的心理剧表演中的主角。大多数人并不在考虑我们，而是在考虑他们自己。我们出现在他们的舞台上只是因为与他们相关。杏仁核已准备好看到消极的东西，所以在他们的戏剧中，我们出演的角色往往会被视为是负面的。因此，除非我们运用"认可、理解、欣赏、倾听"这些"保持冷静"的工具，使他们的杯子从半空转为半满（从悲观转为乐观），否则事情就无法进行下去了。

🍵 有多少冲突是被制造出来的

我妈妈给我讲过一个关于爆胎的故事。

一位旅行推销员开车行驶在一条偏僻的乡间小道上。他听到砰砰的爆胎声，就在路边停下来准备换胎。在查看后备箱时，他发现没有用来抬起车子的千斤顶。他想起来，之前曾路过一户农舍，有几英里①远，于是决定走回去，向那家农户借一个千斤顶。他一路走着，正午的阳光把他的头晒得火辣辣的。他开始担心起来，心里想："假如他拒绝借给我千斤顶，该怎么办？然后我要做什么呢？"走着走着，碎石路让他感觉脚痛了起来，他的忧虑加剧了。"他为什么不肯借给我千斤顶？"他想，"我是个好人，我帮助别人，为什么他不愿意帮助我？"又走了一英里，这个男人汗流浃背，他的脚现在真的很疼。"他为什么不愿帮我？"他十分恼火，"农民从来不想帮助任何人。我真不敢相信，他不愿意帮我！"这时，他已经走到了农舍前，开始猛力敲门。农户打开门说："你好。"这位销售员立马一拳打在他的脸上，说："你留着你的臭千斤顶吧！"[1]

人类借助自己选择去看待和解析的东西来确认自己的感知。卷入冲突的人们脆弱而容易受伤，即使他们没有那种感觉或看起来不是那样。他们失去了控制，看不到出路，只能用一个视角来看待问题，心中充满着懊恼和沮丧。事实上，

---

① 英制单位。1 英里约合 1.6 千米。——编者注

对他们而言，没有其他想法存在的空间，没有真正的静默，整个戏剧正在他们自己的脑海中上演，充满了未经证实的假设。凭借"保持冷静"，我们能够为这些未经证实的假设和戏剧创造一个空间，使其要么浮出水面并得到解决，要么像幻觉一样消散，它们很有可能就是幻觉。

当你决定为自己和他人"保持冷静"时，就能重新控制局面了。你可以给出一条出路，将懊丧变为好奇。此时就会出现之前没有的选项。这与医生治疗伤口类似，你必须首先把血擦掉，看看发生了什么，然后才能决定怎么做。在冲突中"保持冷静"也是同样的道理。它可以让你扫除情绪、减少情绪或痛苦的存在、降低发怒的可能性，这样你就能决定下一步该做什么。下一章中，我们将讨论如何做到这一点。

第6章
情绪高涨属于诊断，而非症状

所以说，这整个战争的存在是因为我们没能力相互交谈。

——奥森·斯科特·卡德
（Orson Scott Card）

你如何应对冲着你大喊大叫的人？

你如何应对正在哭泣的人？

你如何应对不愿意说话的人？

假如有人直视着你的眼睛却厚颜无耻地撒谎，你要如何应对？更糟糕的是，该人还想要让你继续向别人撒这个谎。

请把自己想象成一名医生，这有助于解释如何"保持冷静"。当医生是一件很令人兴奋、充满热情的事情，但他们不得不处理尿液、粪便、脓液和呕吐物。在人类冲突中，这些东西相当于愤怒、狂暴、悲伤、抑郁、欺骗、烦恼、沮丧、傲慢、自怜和闹脾气。

这些反应是人类体验的必要组成部分，当人类被逼得超出忍耐极限时，他们会表现出极端行为。假如你就是决定要"保持冷静"，那么你就会变成周围所有尽情释放的电流的接地线。有时你甚至会成为人们发泄愤怒或表达失望的目标。他们的不良行为仅仅表明，他们缺乏技能、不成熟、畏惧或没有安全感。

我们每个人都各有不同，都会以不同的方式来"保持冷静"。你要去探索，在被冒犯时，什么会让你冷静。你会如何在自己周围打造一条护城河，从而避免沦为某人情绪排泄物的牺牲品？你能如何避免做出不良反应，而以培养回应能力来取而代之？我们中的一些人只是做几次深呼吸。另一些人则更喜欢带着护身符，比如手链或石头，或者退后一步。也许你喜欢用动动脚趾来作为对自己的暗示，以此告诉自己，相比任何情绪被触发的表现，"保持冷静"都是一种好得多的反应。你要发现什么对自己有效，然后经常去做、坚持去做。它会成为一种条件反射，一旦冒出压力迹象，它就会出现在你的脑海中，继而引发你使用自己的"保持冷静"工具。

所有不良行为的背后都是恐惧

如果你挖掘得足够深，就会总是发现，所有不良行为的基底都是恐惧。对那些感到害怕的人表示同情很容易，而当人们以愤怒、狂暴、歇斯底里、退缩或欺骗来表现自己的恐惧时，要同情他们就困难得多。

请尽你所能，"保持冷静"：深呼吸，想象你周围有某种装甲、安全气泡或屏蔽体。让他们的负能量（即他们情绪化的呕吐物、脓液、尿液）落到地上，最终被大地净化。这能让你有一点时间来为自己"保持冷静"，以感受到安全、气息通畅，然后做出回应（respond），而不是反应（react）。

在一个关于佛陀的著名故事中，某人过来，开始对他歇斯底里地尖叫。佛陀平静地坐着聆听，然后说："亲爱的朋友，谢谢你的愤怒，不过很抱歉，我不能接受它。让它落回地里，这样它就再也不会给我们俩带来任何麻烦。"

通过"保持冷静"，你就不必接受人们的愤怒、不耐烦或恐惧。这一认知会让你冷静下来，使自己直接远离他们高涨的情绪，这样你就能够做出恰当的回应。它可以让你看到情绪背后的东西，并引导他们走出自己的情绪丛林，进入充满解决方案和选择的明朗开阔的草原。

"保持冷静"并非总要看上去很平静

有时候，为了扑灭即将到来的更大火灾，消防员不得不点起小火来作为防火带。这是一个用大喊大叫的方法来"保持冷静"的例子。

我曾经为一个男的做调解工作，他对其老板非常恼怒，甚至无法平静地向我陈述事实，而是非得大声吼叫着说。我将自己的音量提高到他的水平，也叫喊着说话，并重复他的话语。之后，因为他不能控制自己，而我可以，所以我开始慢慢地放低声音，继续说话并复述他的发泄性表达，直到我们俩都降低了音量，可以进行平静的对话。他喘着粗气，这帮助他冷静下来。然后，他直直地看着我，有气无力地张嘴说："谢谢你。"他的律师看上去很震惊。他以前从未见过调解人大喊大叫。不过我是陪着他大喊大叫，而不是冲着他大喊大叫。借助"保持冷静"，我加入到了他的空间，然后帮助他镇静下来后进入我的空间。

"认可"的力量

与那些不愿意说话、分享或参与的人打交道会更困难。

喜欢退缩的人需要被"认可"。在感到自己有一席之地被倾听之前，他们是不会说话的。要"保持冷静"，抱着同理心，感受他们的情绪，从他们的立场和角度看问题。要试着发现沉默背后的情绪。是什么在阻止他们讲话？

要做到这一点，你需要认可（validate）、理解（understand）、澄清（clarify）、总结（summarize），我称之为 VUCS 工具：

认可——确认情绪。

理解——搞清楚、理解他们的情绪。

澄清——提出开放性、非评判性问题。

总结——重申要点。

当他人满脑子都是他们自己的想法和负面情绪时，你是无法直接进入解决问题层面的。发泄的魔力来自清空我们头脑中的垃圾。但是，假如一个人不愿意清空垃圾，那他们就是在告诉你，他们觉得不安全或没有被倾听。也许他们不信任你，不信任流程，不信任他们的律师、同事或合作伙伴。你应该从"保持冷静"开始。

VUCS 工具的第一步是通过确认情绪来实现"认可"。这是最容易的方法。你可以说："你看上去很生气。"如果她回答："我没有生气，我是沮丧！"你可以说："好的，你是沮丧。我能明白这一点，对于发生在你身上的事情来说，沮丧似乎是正常、健康的反应。事情的哪一部分让你觉得最糟糕？"不管她说什么，你都要接着说："哦，我理解。请告诉我关于这件事的更多情况。"这样，你就开启了对话。

假设这不起作用，那人依然不肯开口。请试着说："你不必说话或参与进来。如果你只是希望我坐在这里安静地陪着你，我也可以做到。我能理解，你现在可能有很多情绪，还没有准备好分享它们。那没关系，我会等待。不能挽回这件事情——或者摆脱，或者修复——会令人非常沮丧。我懂得这一点，我会尽我所能帮助你，好吗？"

然后你坐下来"保持冷静"。对方总是——真的总是——会开始回应，尽管其可能不是一个喜欢大讲特讲的人。那没关系。也许他是一个少言寡语的人。也许她是一个内向的人。首先看看他们处于什么状态，并接纳当时的他们。然后带领他们走出黑暗的暴风雨肆虐之地，进入阳光明媚的草原，那里有可能存在解决方案和选择。对于这种情况，运用故事或趣闻通常会达到很好的效果。你可以用我的，也可以自己创作一个。

准确诊断情绪

假使你走进医生的办公室，他说："来，试试这些药。我刚看的那个病人吃着很管用。"你肯定会跑出办公室，再也不回去了。然而，这不正是我们在解决问题、化解纠纷、调解或谈判时一直在做的事情吗？我们拥有一些自认为有效的工具和方法，然后在每个人身上都使用它们。这是个严重的错误，它极大地降低了我们的效率。这不是"保持冷静"。

借由"保持冷静"，你可以首先做出诊断。在医疗保健领域，个性化医疗理念越来越有吸引力，医生会为每位患者量身定制治疗方案。一些研究人员希望，这种做法能在我们这一代消灭癌症。通过对每个个体、每种情况运用个性化方法，你将能更有效地解决那些独特各方之间的独特冲突。

人类是视觉生物，我们借助图片思考，这就是为什么很多经典都使用比喻、寓言来教授知识的原因，比如《圣经》（*Bible*）、《摩西五经》（*Torah*）、《法句经》（*Dhammapada*）、《薄伽梵歌》（*Bhagavad Gita*）、《论语》《道德经》、神道教（*Shinto*）经文、《古兰经》（*Koran*）、《摩门经》（*Book of Mormon*）。好老师会讲故事，因为他们可以运用含有深刻见解的叙事来温和地传达经验教训，让我们自己想象他们的智慧。由人们自己得出结论，而不是被告知某些东西，结果总是更有效。短小精悍而富有洞察力的故事能让人做出自己的结论。

运用类比和故事来影响、打动人们。这种做法以更为冷静的方式引入观点，更重要的是，它可以让听者以自己的习惯平缓地接收信息。这种更尊重人的策略有助于避免掉进评判或傲慢陷阱。"保持冷静"是一种温和的力量。

用类比来"保持冷静"

我提供给你三个很棒的类比，在遇到需要它们的情境时，我曾反复使用过，它们都很有效。你可以拿去试试，运用它们来帮助你"保持冷静"。

拆弹

当有人在集市上发现炸弹时，她会呼叫炸弹探测专家，接到任务的专家穿着沉重的全身防弹服，步履蹒跚地独自走向炸弹。他不会一开始就直接剪断电线或按下按钮，而是进行诊断、观察、分析，然后为该项工作使用合适的工具或方法。当你"保持冷静"时也是如此。这就是你为何要花那么多时间来诊断、交谈和聆听。耐心会有回报。你正在拆除什么？什么会引起爆炸？爆炸会造成什么样的损害？"保持冷静"能够令你回答这些问题，以彻底、迅速地拆除爆炸物。

下面是另外一个。不过首先要讲一点点背景，以使之更加有趣。

输血

在 1665 年的英格兰，理查德·洛厄（Richard Lower）博士做了试验，将一条狗的血输给了另一条狗。1667 年，他又将一只羊的血输给了一个人。在法国，国王路易十四的御医也做了试验，将羊血输给人。出现了一次死亡事故后，该试验被宣布为非法而禁止了。1678 年，英国议会（British Parliament）完全禁止了输血。因为当时的科学无法弄清楚如何安全地做到这一点，所以它被禁止了。但科学家是杰出、执着且充满好奇心的人类。他们不会放弃。第一例成功的人与人之间的输血由美国医生菲利普·塞恩·菲齐克（Philip Syng Physick）于 1795 年实现。遗憾的是，在接下来的 150 年里，这一领域几乎没有取得任何进展。

19 世纪，英国产科医生詹姆斯·布伦德尔（James Blundell）注意到，产后出血通常会导致死亡。他认为输入人血会起作用。结果和以前一样，有些女性死了，有些康复了。没人知道为什么。然后到了 1901 年，奥地利生物学家卡尔·兰德施泰纳（Karl Landsteiner）发现了血型，输血开始持续发挥作用。最终，在 1935 年，非裔美国外科医生查尔斯·德鲁（Charles Drew）带来了一项创举——建立血库，使得未来使用血液成为可能。在那之前，血液就是血液。这个病人活了下来，那个死了，就是这样（不知道不同的人的血液是不同的，不加区分地输血就会造成事故）。[1]

每一场纠纷都是不同的，就像血液那样。每个人都需要不同的专门方法。每场冲突都可能因为不同的干预而出现赢或输的局面。血液不仅仅是血液。发泄不代表在思考。思考和感受是两码事。分析不是凭直觉。急躁不是成功的孵化器。需求不是提议。拒绝并不意味着协商已经失败。不尊重可以得到纠正。由此，一些重要的问题可能出现：你是匆匆忙忙，还是耐心等待？你是坚持事实，还是让人们表达情绪？你是逼迫他人，还是倾听他人？你是停下来，还是创造动力？凭借"保持冷静"，你可以对这些问题做出合适的回答。

就像好医生会给患者配上合适的血型那样，在"保持冷静"时，好的解析者、领导者、问题解决者、交易撮合者、调解人或律师会将其特定技能个性化地应用于相关的人和环境，为他们所面临的状况找到合适的"血型"。

将餐桌当作你的会议桌

如果你要举办一场晚宴，并且是一位体贴周到的主人，你就会想知道，你的客人中是否有无麸质饮食者、乳糖不耐受者、花生过敏者、素食主义者、仅食肉者，等等。

正如我们重视、留心我们的餐桌，以使人们感到温暖而受欢迎那样，我们也应该关注我们的会议桌。"保持冷静"能够引导你了解到这些情况：谁需要快速做出决定，谁需要慢下来，花时间思考选项和替代方案；谁对准确性有很高的要求，谁非常需要被认可；谁渴求解脱、理解或保护；谁需要表明自己是对的，谁需要显示自己不是错的。

通过"保持冷静"，你可以更准确地识别他人的需求和自我利益。所有的交易都会在自我利益的汇集处相交。我们可能会顺利地到达那里，也可能笨手笨脚地到达那里，但不论如何，到达这个交汇点对达成交易、消解冲突和解决问题至关重要。

"保持冷静"可以帮助你做到这一点且做得很好。

第二部分

情境意识：解读空间

科学的软实力具有重塑全球外交的潜力。

——艾哈迈德·兹韦勒
（Ahmed Zewail）

外交不是单管枪……（还有）更多的考虑因素，包括它们在经济、军事上的相互关系。

——尚穆根·贾古玛
（Shunmugam Jayakumar）

第 7 章
不存在问题，只有等待被发现的解决办法：找到自我利益

不到最后一刻，事情都是有可能的。

——让-吕克·皮卡尔
（Jean-Luc Picard）上校

自我利益（Self-Interest）是工作中的杏仁核。所有协商的完成和冲突的消解全都基于对参与各方的自我利益的协调并达成一致，不论你与之打交道的是好人、混蛋、骗子、合作各方，还是固执倔强的人。

自我利益使这个世界得以运转。找到自我利益，你就有了打开协商之门的钥匙。问题是，大多数人只聚焦于他们自己的自我利益。借助"保持冷静"，你可以专注于他人的自我利益，并找到你的需求和他们的需求之间一致的方面。

自我利益可以包含人的<u>这些</u>方面。

自我印象——我很好。我很强大。我很有礼貌。我很随和。我很坚韧。

目标——我以很便宜的价格买到了。我猜对了。我得到了更好的。我很快就得到了。

惧怕——我没有输。我和其他所有人得到的一样。我没有被利用。我很稳妥地行事。我不想做事后诸葛亮。我很明智。

自我意识——我是最棒的。我会因此得到认可。我赢了。

一旦你了解清楚动机，经由"保持冷静"，你就可以设计出与他们的愿望相一致的回应。如果人们得到了他们想要的，就很有可能给你你想要的。当某个人表现得像个混蛋或不合作时，你只是还没有识别出该人的自我利益并就那一部分与他们进行交谈。

若某人对你来说很难对付，则不要只依靠你自己的理性。只要觉得他们是混蛋、骗子或就是愚蠢，你就已经用到了自己的爬虫类脑，不会有清晰的思路了。这是需要"保持冷静"的信号，请做几次深呼吸，在做出反应前获取更多的信息。

设法弄明白他们的自我利益是什么。他们在保护什么？在那苛刻、严厉的外表下面，柔软而感伤的焦点是什么？

然后重新形成你的选项、建议和解决方案，以满足该需求。

一个关于自我利益的例子

几年前我调解过一起就业歧视案。该公司的律师告诉我，他只有 2000 美元来了结此案。即使在当时，这个数目也算吝啬，我的酬金都要比之高得多。该律师对我说，原告很难对付，而且公司害怕以后会出现非法效仿者，所以这个数字是极限。我从"保持冷静"开始，挖掘信息，这样就可以开始做诊断了。

我开始意识到，歧视情况真的不严重，或者说，至少没有足够的证据可以在法庭上证明这一点。但显然存在性格冲突（personality conflict），并且在冲突过程中，该员工没有得到足够的尊重。我想，其实她的律师也明白这一点，但他不知道该如何帮她摆脱困境。

通过"保持冷静"，我确保这位女士感觉自己被倾听了，而且能够讨论关于性格冲突来源的假设。不是每个人都能融洽相处。个性和文化确实会引起冲突。有时候，两个人就是合不来。所以我就问她："假如大老板之前叫你去他的办公室说了下面的话，你会怎么样？——'这种冲突会破坏士气，扰乱办公室秩序。我们谁都无法这样工作，你也一定很痛苦。我们不得不终止你在这里的工作。因为对公司来说，你一直是如此巨大的财富'——不仅是作为一名员工（请记住，自我利益包括感觉自己有价值）——'我不想失去你。公司想要感谢你为其做出的贡献，送你和你丈夫去加勒比航游，并附上我们的标准遣散费。'"

我平静地问她："你会怎么回应？"这位女士开始哭泣，说她会接受这个安排，并要求提供一份出色的推荐信，甚至始终都没有和律师说过话。"好的"，我说，"迟做总比不做好，公司想现在就为你做这件事。"和解协议很快达成，并形成文件，签字画押。用2000美元来解决问题会令人不快，但2400美元的加勒比航游就不会。借助"保持冷静"，我能够确保双方的自我利益达成一致。该客户被说服勉强支付额外的400美元来实现这一点，她的律师则很高兴摆脱了这个案子。

如何搞清楚真正的自我利益是什么

公开表达的自我利益往往是不准确的。它们要么是人们试图在谈判中获得更有利地位而说的谎言，要么就是人们根本没意识到自己的情绪，没能准确识别他们自己的自我利益。他们也许认为自己的目标是金钱、证明自己正当、公平正义或坚持原则，但通常情况并非如此。

这世界上到处都是治疗师和自助书籍，以帮助人们厘清他们的困惑——他们有怎样的情绪和感受，他们想要得到什么。遗憾的是，人们的常态是，做令自己不开心的事情，买让自己痛苦的东西，穿感觉不舒服的衣服，或与对待自己不好的人为伍。我们为什么要这样做？

人类是复杂的生物。神经科学已经发现超过 104 种特定的认知偏差（cognitive bias）。2017 年，发表在《心理计量学公告与评论》（*Psychonomic Bulletin and Review*）上的一篇文章证实，认知偏差的发现以及由此产生的对人类理性的怀疑动摇了经济学、社会科学和理性认知模型的基础。[1] 我们这些和人打交道的人早已明白这一点。我们从"保持冷静"开始。美国著名经济学家丹尼尔·卡尼曼（Daniel Kahneman）因证明人类在做出经济决策时实际上并不理性而获得诺贝尔奖。相比对收益的渴望，人们对损失的恐惧要更加强烈。[2]

让我们来思考一下下面的例子，理解一下决策中的认知偏差。想来点香蕉吗？每根售价 25 美分。当然，我会一次买几根香蕉。但是，如果水果店挂个招牌，上面写上：1 美元买 4 根香蕉，那样顾客的平均消费就会增加 35%。为什么？我们是群居动物，很容易相互影响。我们对公平公正、组织结构、一致性和幸福快乐的看法都会受到我们与之来往的群体的影响。确实，物以类聚，人以群分。即使是那些喜欢独处的人也不想感到孤独。人类是很有意思的，当你"保持冷静"时，你就会以这种方式看待他们，而不是对他们的行为进行评判、挑毛病。

我曾去过一家蛋糕店，在那里看到一个很好的例子。这家店希望增加销售额，他们在 T 恤上印上了这样的文字："体重越重，越难遭劫。要安全，吃蛋糕！"

这聪明劲儿是多么令人欣喜啊，他们由此卖出了更多的蛋糕！重要的是，"保持冷静"会让你成为实用主义者，而非理想主义者。有时候，自我利益与快乐、幸福或理想化目标并不一致。它不是独角兽和彩虹（unicorns and rainbows）。①金钱、权力和名望往往是动力。当你"保持冷静"时，通常会借助对金钱的追随而找到自我利益。它要流向哪里？它会如何到达那里？谁会获得利润？

---

① 纯粹的幸福和满足，找到独角兽，就可由其带去彩虹的尽头。——译者注

这对我有何好处

里克·麦卡洛克（Rick McCulloch）是 Lightbulb Moments 教育服务公司的负责人，他创造了一个贴切的短语："这对我有何好处"（What's in it for me）。[3] 在这个问题有了答案之前，交易会遇到障碍，这就是为什么"保持冷静"这一诊断方法如此重要的原因。你必须确保自己正在解决真正的问题。然后，它就可以像数学一样简单：求解出 x 的值。但如果你掌握的信息或做出的假设不准确，那就会走上歧途，出现比如"手术很成功，但病人死了"这种情况。借助"保持冷静"，你可以集中注意力，深入聆听他人说出来和没说出来的话，看清表面之下的东西，并提出好的问题，然后找到根本原因。要对别人说的话感兴趣，并怀着好奇心去提问题，而后就可以帮助其找到合适的问题解决方案。以下是一些关于如何显示自己的好奇心和兴趣的建议：

◆ "关于这件事，我想了解更多。"

◆ "为什么这对你很重要？"

◆ "这似乎对本次讨论意义重大，请告诉我更多内容。"

◆ "对你来说，如果有其他人参与进来，会让事情更好或更糟吗？"

◆ "那会怎么样？"

就算解决方案不尽如人意，它还是能起作用的。"保持冷静"还可以令你放弃自己对解决方案应该是什么样儿的想法，让真正有效的解决办法占据主导地位。你可以做到这一点，因为"保持冷静"也是一种保持超然的方式。当你自己处于纠纷中时，即使解决方案并不理想，你也会有事情了结所带来的美好解脱感。

你是否见过两岁孩子把头藏在毯子下面的情况？他们什么都看不见，所以觉得自己是隐形的，即便他们的屁股露在外面！人们都是这样的。仅仅因为没有看到某些东西，他们就认为它不存在。在"保持冷静"中，你的工作就是看到更多，这样就可以获得更多。然后，你就可以效率更高地为自己和他人做事情。

在以色列，当夜间暴发针对女性的袭击事件时，一名以色列内阁部长建议实行宵禁，让女性天黑后待在室内不出门。"但是，"以色列前总理果尔达·梅厄（Golda Meir）说，"是男性在攻击女性。如果要实行宵禁，那就让男性待在家里，而不是女性。"通过用这种方式来构建解决方案，果尔达·梅厄也重新界定了这个问题，从而防止了一个快速形成但设计很差的解决方案的实施。[4]

这是你自己的实验室。"保持冷静"意味着，永远不要把别人的局限性作为自己的。要开展试验、设计和发明。世上不只存在问题，还有等待被发现的解决办法。请记住，"保持冷静"就是要找到合适的血型。

"保持冷静"。要大胆、无畏，要富有创造性，要强大、有雄心壮志。

第8章
做房间里的成熟者

昨日我很聪明，所以我想改变世界。今日我很明智，所以我在改变自己。

——鲁米（Rumi）

你的外甥女说她想成为一名医生，她的眼中满是这样的期望——因为治愈了患者而感到荣幸，因为自己的学识和所受教育而受到尊重。但她真正入行后的生活是由这些组成的：鲜血、粪便、尿液、难闻的气味、愤怒的亲戚、不被理解和认可、责备、熬夜、精疲力竭、事后批评。

她还将体验一种有意义的生活，方法是：关心和治愈患者、治疗伤病员、照料无助者、帮助人们有尊严地死去、安慰丧失亲人的人，对于一天的工作来说，所有这些都是相当有价值的。

就像治愈身体一样，"保持冷静"使我们能够解决纠纷，让我们成为人类冲突的医治者。我们"保持冷静"是为了达到一个比当前正在面对的更好、更明智的状态。

人类的境况

人类充满了愤怒、怨恨、嫉妒、报复欲、狭隘、恐惧、权力、自负、狂暴、绝望、沮丧和无助。但我们也充满了善良、慷慨、承诺、忠诚、自我牺牲、美好及人类精神的胜利。

"保持冷静"使我们能够为社会提供服务，过上有意义的生活。我们有能力创造和影响变革时刻，跨越并化解分歧，终结战争，弥合人们生活中的裂痕，打造和谐的工作场所、家庭和社区。我喜欢那些先进的公司当下正在使用四重底线（quadruple bottom line）的新潮流。该方案不只衡量金钱上的成功，还追踪四个方面：股东价值（shareholder value）、员工幸福感（employee happiness）、客户满意度（customer satisfaction）、健康的地球（a healthy planet）。多么了不起啊！这一策略可以在全社会范围内实现"保持冷静"，其涉及广泛而全面的思考，和以合适的方式解决合适的问题。

"保持冷静"能让我们拥有高水平的情绪成熟性（emotional maturity），以应对生活中的起起落落。它为我们提供了直面自己和他人的恐惧的方法。

有趣的是，在陷入冲突时，我们并不处于最佳状态，事实上最常见的是，我们处于最糟糕的状态。我们可能会充满了痛苦、恐惧、不确定、义愤、权斗和惩罚欲。那么我们如何帮助自己和他人超越、克服这些呢？我们不能公然对某人说："要克服！"你无法通过告诉某人"要冷静"来令其冷静下来。这对我们自己和他人都不起作用。

做房间里的成熟者

正如医生在给出临终诊断（诊断为绝症或无法治疗）时必须克服自己的恐惧一样，我们必须抵御偏袒一方的冲动（以牺牲一方为代价来同情另一方），以免看不到所有不同的观点以及贯穿其间的真相线索。无论自己身陷困境，还是在帮助处于冲突中的他人时，我们都必须避免急于、草率做出判断。

要想做到这一点，请问问你自己，这个小暴君有何优点？这个暴怒的男人的真实情况是什么？这个歇斯底里的人有何正当、合理之处？这个愤愤不平的女人呢？这个自以为是的人呢？这个愚蠢还是浅薄的人呢？

　　不论是谁，只有看到这个人的优点，并由此将其激发出来，我们才能改善局面，给该人以激励。"保持冷静"意味着唤醒人们更多的可能性，而不只是通过发挥他们的局限性来提供穿梭外交（shuttle diplomacy）①。这并不容易，事实上，这困难得令人难以置信。不过这是值得做的工作，而且结果可能相当积极。

　　要想做到"保持冷静"，你需要做一个成熟者，一个在情绪和事实两方面都能达到成熟的人。成熟者不会把自己降低到使用"明枪暗箭"的水平，不会诉诸毁谤、谩骂、欺诈或无论是否被激怒都表现出不真实。"保持冷静"能够让你成为他人敬仰、尊重、信任的人。你能保持平衡状态、不易动摇、冷静、公正、诚实，能够克服逆境并保有专业素养。

　　不能"保持冷静"表现为情绪上的不成熟。当你没有"保持冷静"时，你只会通过自己的眼睛、自己的需求和自己的观点来看待问题。没有犯错的余地，没有其他观点存在的空间，也没有对方的现实情况、需求或惧怕的容身之处。

　　————

① 第三方在不直接对话的两方之间做调停工作。——译者注

你总是对的，他们总是错的。陷入冲突时，我们所有人都可能成为这种受限视角的牺牲品。一旦我们的杏仁核被触发，我们就会失去自己的成熟和专注。在冲突中，人们通常会丧失他们的精明老道，在情绪上变得不成熟。

当人们需要你"保持冷静"时，这一点尤其突出。处于冲突中的人们常常对这个想法念念不忘——"复仇是一道最好放冷后再吃的菜"。这句话可以追溯到 1800 年代，两部著名影片中的人物都使用过——《星际迷航》（*Star Trek*）中的克林贡人（Klingons）和《教父》（*Godfather*）中的唐·柯里昂（Don Corleone）。盛怒之下，各方会采取破坏性行动或做出愚蠢的短时决定。当他人处于愤怒状态时，你要如何"保持冷静"并帮助他们走上阳光大道？

首先要深入而完整地聆听，让他们尽情发泄、捍卫自己的立场。不要争论，不要解释，不要教导，不要忠告，不要辩解，不要试图改变他们的想法，甚至不要尝试缓和他们的紧张情绪。你只需要深入而完整地倾听。

在他们彻底发泄完之后，谈话就会出现一个大大的空洞，一片需要被填满的空白。如果你不去填充，它就会再次充满愤怒、抗拒或沮丧、消沉。你当然可以尝试使用第 6 章中的 VUCS 工具（认可、理解、澄清、总结），但人们可能会因为深陷泥潭而无法头脑清晰地弄清楚或思考问题。

这个时候，你要"保持冷静"，给他们讲一个趣闻，让他们拼命挣扎的时候，可以依附并紧紧抓住它。你可以尝试使用这个故事。

我曾经读过一篇关于在高耸的山口上生活的大角羊的研究文章。这些美丽、有魅力的大羊长着圆形的棕色大角。他们日常游荡的山口通道只有一个蹄子那么宽。

该团队在山口上暗藏了一架摄像机，用岩石包围着。他们观察到，大角羊在山上走上走下。当一只羊下去一只上来的时候，会发生什么？这种小道没有让两只羊并排通过的空间。它们会脑袋对顶起冲突吗？会相互蹬踢吗？会张嘴咬吗？或者，它们会不会争斗到死，直到其中一只从高高的悬崖上摔下来？

团队回看录像时发现，当一只大角羊向下走，一只向上走时，其中一只会弯下腰，让另一只从她头顶上跳过去，然后它们各走各的路。它们中的一只是如何知道要弯腰的？是上坡的那只吗？不是。是下坡的那只？也不是。在每一次相遇事件中，都是那只更成熟的弯下腰，这样那只更年轻、也许更匆忙或更具攻击性的羊就可以跳过去，从而使它们俩都能避开潜在的灾难性打斗或坠崖事故。

在让一个愤怒的人发泄完并感到自己被倾听、被理解之后，我讲了这个故事。然后这个人可以选择做那只更成熟的羊，这样双方都能躲开一场生死搏斗，避免一方或双方从悬崖边掉下去。还没等我讲完这个故事，他们的眼中就流露出认可的意思。接下去，我要求他们做更成熟的那一个，并意识到，我之所以这么要求他们，是因为他们能够成为更成熟的那一个。此时，这就可以让他们"保持冷静"。

坦率地讲，从未有人说过："好的，我现在将以较高的道德水准行事。"不过，当我敦促人们做出明智的长期或务实的选择时，这种做法具有巨大的镇静作用，并能让人们在前方艰难的谈判进程中有所依靠。成熟还是不成熟与心智带宽（诚实地获取自己情绪状态的能力）有关，而与年龄无关。我搞清楚谁拥有它，然后提醒他们做那只成熟的羊。

这常常有效。（还记得诸如"常常"这样的词语所指代的值吗？）嗯，它的有效次数比例达到70%。

做一个成熟的人也意味着，在你遭到攻击或情绪被触发时要"保持冷静"。若有人挂断你的电话、解雇你、不尊重你或贬低你，这会刺痛你，而且可能是毁灭性的痛苦。基于我们的个性和历史，我们要么反击，后退、变成消极对抗，要么只是为之烦恼、护理我们的伤口，然后像储存坚果过冬那样把怨恨藏起来。

"保持冷静"提供了一种更好的方法，能让人们振作起来，成为房间里的成熟者。请做深呼吸，然后问以下问题：

- ◆ "你刚才的话是什么意思？"
- ◆ "你希望通过这个实现什么？"
- ◆ "你刚才觉得我会做何反应？"

这些问题会让穿着大人衣服乱发脾气的孩子喘不过气来（打压不成熟者的兴奋劲儿）。你也许得不到令人满意的回答，但它会帮你收回权力，构建边界，清晰地表明谁是房间里的成熟者。而且，它通常会为你赢得对方的尊重，虽然这种尊重非常勉强。

我们要如何克服自己的恐惧？我们如何才能不被他人的愤怒或自己的冲动所影响？我们怎样才能不陷入自己对他人行为或信仰的评判中？很简单，我们只要决定"保持冷静"。告诉自己，我们秉持这样的主张——在这里可以找到和谐或非暴力的解决办法，而且我们将勤勤恳恳地找到它。我们会运用我们所拥有的工具、已经开发出的技巧以及想要"保持冷静"的纯粹愿望。

在进入一个会令人情绪化的情境之前，我的梵音真言（mantra）是："我要保持冷静，我将成为房间里的成熟者。"

第9章
赢还是不输？让他们留着自己的刀剑

圣人不认为不犯错是福。相反，他们相信，一个人的高尚德行在于其有能力纠正自己的错误，并持续不断地使自己成为全新的人。

——王阳明

许多著作探讨了决策神经科学的各个方面，比如人们如何思考，以及我们为何会有自己的反应方式。我阅读过数十本这类书，观看了无数的 TED 演讲和谷歌讲座上的演讲。有些令人兴奋，有些基于研究，还有些是为流行文化设计的。[1]

科学与经济研究证实，绝大多数人认为"不输"远比"赢"重要。行为科学家称为"损失厌恶"，我把它叫作"反感因素"。没有人想要感觉自己愚蠢、做了一笔糟糕的交易、让钱留在桌上、被做了斯诺克、被愚弄或被占了便宜。不做交易比做一笔糟糕的交易更简单。

在大量关于人类的恐惧的研究中，人们最害怕的是以下几种（顺序如下）：

1. 在众人面前演讲。

2. 死亡。

3. 蜘蛛。

4. 蛇。

没错，在一群人面前讲话比死亡、蜘蛛和蛇更可怕。为什么？因为遭遇尴尬有可能是最糟糕的——比死亡更糟糕，比蜘蛛更糟糕，比蛇更糟糕。一般人更关心"不输"，而不是"赢"。

我丈夫有个朋友是美国海军陆战队的飞行员，他说飞行员会遵循三条非官方的规则：

1. 不要死。

2. 总是看上去很好看。

3. 看在上帝的分上，如果你要死了，那要死得很好看。

换言之，不要让自己难堪，这是他们的"保持冷静"版本。

这就是为什么争论、打斗和不让步比妥协更容易的原因。我们不必做出糟糕的决定，不必承认失败或自己错了，不必从另一个角度看问题。我们可以让他人为我们而战，并借助冲突感受正义。

而且，如果情况不妙，那也不是我们的错。如果我们有律师，那就有别人可以责备。如果我们依赖董事会，那就有别人可以责备。如果我们听了老板、合伙人、配偶、朋友或堂兄弟的话，那就有别人可以责备。

为何承担责任是件难事

在很多情况下，付诸实践的压力是如此之大，以至于我们会隐藏自己的错误，从而造成破坏性的后果。基于你居住的地方，文化可能会决定人们能够在多大程度上开诚布公或表里不一。然而，无论身处何种文化，害怕犯错是人类境况的组成部分。

一组奇怪的咒语存在于整个人类中："这不是我的错。""我能怎么办？""这不能怪我。""别把这个怪到我头上。""我收到的信息不对。"从文化的角度来看，这些短语通过社会渗入了各个组织、个人和家庭中。我们没有接受过训练或准备好承担个人责任，这就是为何当它发生时会令人如此警醒的原因。

在冲突或争论中，有人认输的情况实属罕见。我们几乎听不到这样的话："哦，现在我明白了，你是对的。我现在同意你的观点。"或者："我本来就不应该提起这项诉讼、投诉或抱怨。我会马上放弃，撤回我的主张。"

你别笑，这种情况真的是偶尔才会发生一回。

我知道一个案例，某企业主因一笔商业交易有问题而提起诉讼。经过长时间的调解，他对该交易情况有了完全不同的看法。他是前美国海军陆战队队员，道德水准极高。尽管被告的保险公司表示愿意给他一笔象征性的和解金，但他拒绝接受。他说，他提起诉讼是错误的，他会立即撤回。他的自尊让他认识到并承认自己错了。这令人印象深刻，但遗憾的是，这种情况非常少见。

为什么我们不能犯错呢

我们的社会不支持犯错。那些能够完全接纳、允许员工犯错或失败的公司是最具创新精神的公司。贝比·鲁斯（Babe Ruth）是杰出的美国棒球运动员，其被三振出局的次数比打出本垒打的次数要多。在棒球和板球比赛中，一名优秀运动员能击中球的概率不到三分之一。托马斯·爱迪生曾做过一万次尝试来使灯泡趋于完美。在他的合伙人为他写的传记中，他被问道："你做了那么大量的工作却没能取得任何成果，难道不觉得失望吗？"对此，爱迪生回答道："成果！为什么这样说，伙计，我得到非常多的成果！我知道了数千种行不通的方法。"[2]

在体育运动中，我们懂得，失败是成功之母，但在商业或现实生活中，我们却不会那么宽容。我们会攻击错误。我们会谴责，我们会评判，我们会批评。我已经对我那些出色的成年子女们说过，他们现在有了自己的孩子，作为父母，他们将做出上万个决定，希望其中八千到九千个是合适的。那意味着，他们会做出一两千个糟糕的决定。这听起来很可怕，但对他们而言，这是很大程度上的宽慰。我们不必每次都做得合适或完美。"保持冷静"的意思是，我们将努力从自己的错误中吸取教训，这样就能避免重蹈覆辙。与成功相比，我们从自己的错误中学到的东西要多得多。在匆匆忙忙地急于做出决定时，人就会变得倾向于妄加评判、处于防御状态、做出糟糕的判断。错误是学习周期（learning cycle）①和人类经验的一部分，而生活的诀窍

———————————

① 学习周期是美国社会心理学家大卫·库伯（David kolb）的理论，其认为学习是一个循环过程，包括四个阶段：具体经验、反思性观察、抽象概念化和主动实践。——译者注

是从错误中吸取教训，正如美国前第一夫人埃莉诺·罗斯福（Eleanor Roosevelt）所说的："要从他人的错误中学习。你不可能活得足够长，不可能自己把所有的错误都犯一遍。"

在应对冲突时，不要光看到别人在努力想赢，而是要留心他们是如何尽力不输的。这会改变你的观点，并能让你有更多的办法来组织协商、减少自负、解决问题。

不断地重新爬起来

一句精彩的禅语是这么说的："关键不在于跌倒多少次，而在于重新爬起来多少次。"

在复杂事务中，对于是否能保持尊严和接受在协商中做出让步，让他人留着他们的"刀剑"是极其重要的事情。它有助于达成一致，也是"保持冷静"的好方法。

举个例子，让我们看看尤利塞斯·S. 格兰特（Ulysses S. Grant）将军，他在南北战争快结束时指挥北方军队。罗伯特·E. 李（Robert E. Lee）将军则掌管南方联盟军。南方联盟军在阿波马托克斯法院战役（battle of Appomattox Court House）中战败后，李将军投降了。有趣的是，尤利塞斯·S. 格兰特将军——一个出了名的酒鬼、生意失败者、西点军校的贫困生——不知怎的明白这样的道理：他和他的士兵以有尊严而文雅的姿态来接受南方联盟军的投降对实现和平至关重要。他有条件地释放了南方联盟军，而不是把他们当作囚犯。如果这些人放下手里的枪支，他们就可以保留他们的刀剑、马匹和骡子。

在南方联盟军经过北方军队时，格兰特将军命令他的将士行军礼。尽管南方联盟总统杰弗逊·戴维斯（Jefferson Davis）深感痛心、失望且不想接受投降，但战争还是结束了。是格兰特的智慧获得了胜利。给南方联盟军士兵留一条有尊严的出路——这抑制了他们的斗志，并被认为是为重建奠定了和平基础。[3]

短视思维的危险性

如果立刻就赢是最重要的，那么人们能看到的就只是战役，而非战争，就会聚焦于赢得这场争论、这项动议或这个案子，以满足眼前的求胜欲。这不能"保持冷静"，"保持冷静"需要考虑接下去的多个步骤。杰出的国际象棋大师会往后思考五到八步。给人一条有尊严的出路会有什么害处呢？它能确保协商的敲定、增强对未来条款的遵从、防止发生激烈的报复、让人们能够继续前行。

借由"保持冷静"，你可以帮助个人和公司、社区、政府和机构来做到这一点。我们要做个成熟者，要成为格兰特将军那样的人，给他们一条有尊严的出路。假如你需要一点帮助来说服他人，可以提醒他们，在展示了其令人印象深刻的宽大仁慈之后，格兰特将军后来成了美国总统。

嗯，还不错。

第 10 章
当一切都陷入困境时

> 永远不要恨你的敌人，那会影响你的判断力。
>
> ——迈克尔·柯里昂
> （Michael Corleone）

"这不可能做到。"

"哦，天呐，要完蛋了。"

"我厌恶他。"

"这没有出路。"

这些无力感会导致绝望，而绝望是人类的毒药。它会让机会主义者获取控制权，使不公正现象迅速扩散，并带来糟糕的决定。那么，如果境况很糟、极其有害或毫无希望，你能做些什么？

即使只是试图"保持冷静"也会有所帮助。这种行为可以成为黑暗中的一道光芒，提供一线希望或救赎。仅仅因为境况看上去毫无希望并不能说明它就是毫无希望。每一项伟大成就在其最终完成之前都处于不可能实现的状态。在每一届奥运会和世界体育赛事中，人类都在打破纪录。我们跑得更快，跳得更高，飞向新的高度。我们击退恃强凌弱者、打击制造污染者，以确保公平正义的存在。

把人送上月球的想法在当时是荒谬的，而现在我们正在计划去火星旅行。无论什么事情，人类都能凭借自己的聪明才智将其彻底搞清楚并最终付诸实践。

虽然这些话都很动听，但你如何对付讨厌的邻居或差劲的老板呢？如果你的公司申请破产或者法官在一个关键动议上对你做出不利的裁决，你要怎么办？

"保持冷静"是现实可行的

生活并不全是玫瑰和仙尘，我们会遇到非常困难的境况。艰难的事情就在那里——人们死亡，骗子诈骗，政客撒谎。我们不得不应对手头上在处理的事情。我父亲常说："我们无法将路上的所有荆棘都除干净，但可以穿上厚实的靴子。"有时候，别人不会聆听你或帮你摆脱困境，但这并不意味着你毫无选择。门被关上时，你可以寻找窗户或阁楼这些能缓慢通过的窄小空间。你要问问自己，我能在这里做些什么？你可以主动呼吸，这样就能更清晰地理解和思考。你可以寻找盟友，可以寻找敌人的敌人，以期得到朋友。你可以寻找平衡权力的方法。我那富有洞察力的女儿总是寻找最明晰的方式来保持冷静。"最简单的前进道路是什么？我们非要把这事儿搞得这么艰难吗？"她会这样问。这种方法能在不发出挑战的情况下开辟诸多可能性。

我曾看过一个很棒的比利时电视广告，里面有一个25岁的英俊男子，带着他4岁的儿子在一家杂货店闲逛。这个孩子开始索要糖果，然后是强烈要求，尖叫、跺脚，最后扑倒在地，挥舞着胳膊、腿，用尽全力大声叫喊："我现在就要吃糖！"其他顾客瞪着该男子，皱着眉头，露出品头论足的样子。他看上去极度不安、尴尬、无能为力。其后，广告语出现在屏幕底部："使用安全套。"对这个人来说是有点晚了，但这是传递家庭生育计划信息的多么强有力的方式啊。[1]我们可以用许许多多不同的方法来交流信息。

对于大多数人来说，冲突就像自愿在没有麻醉的情况下做结肠镜检查或根管治疗。即使是那些似乎很喜欢争论的人，当他们感到无能为力时，也享受不了争论了，这种无力感是冲突中最糟糕的部分。解决办法是，找到一些获得力量的方式。哪怕只是象征性的，就算解决不了问题，也能解决你的无力感。然后绝望会消散，希望会回归，各种选择会自行呈现出来。通常，我们可以用以下两种方式之一来看待境况：要么看作是威胁，要么看作是机会。让我们来探究一下。

产生升力，创造动力

陷入绝望时，你要搜寻机会产生升力、创造动力。飞机就是这样飞起来的，机翼能产生升力。你怎么才能飞起来呢？你能使用什么资源来改变基调、情绪或温度？实际上，只是思考一下这种方式就能给你以提升。要寻找非同一般的可能性，尝试非同一般的方法。认真思考如何"保持冷静"，如果可能，让解决方案自己显露出来；如果不可能，那就考虑如何尽力妥善处理当前境况的方法。你可以自行摆脱它吗？你能花钱买到出路摆脱它吗？对方是否需要你的帮助？他们的孩子需要什么吗？他们的父亲呢？他们的妻子呢？要扩大搜寻可能性的范围，寻找共同点。

神经科学已经证实，当我们能找到任何共同点时——来自同一个家乡，喜欢同一支球队，有相同的爱好，讨厌相同的食物，或者发现我们的孩子彼此认识，我们就会得到更多的宽容和通融。[2] 可以提一些问题，这样你就能够很随意地确定这些情况——你们都是跑步者，都讨厌西红柿，或者都喜欢同一部电影。它能引发出一种使杏仁核平静下来的"相像感"。要寻找共同点，它们能让双方实现互惠，从而缓解敌意。

当情况变得不妙时，请试试这五种行为：

◆ 找到共同点。

◆ 发现当前境况中的一些趣事。幽默可以缓和紧张气氛。

◆ 寻找另外的资源。敌人的敌人可以成为你的朋友。

◆ 挖掘他们需要的东西，而非他们想要的东西。承认它的存在。

◆ 寻找获得力量的方式。

要寻找与他人建立联系或纽带的方法。这些行为是"保持冷静"的微妙方式。

第 11 章
"我们对抗他们"心态——但我如此通情达理!

你无法用握紧的拳头来握手。

——英迪拉·甘地
（Indira Gandhi）

尽管存在双赢的解决办法，我们所有的教育和技能也都得到了发展，但人们依然常常采用"我们对抗他们"的方法。无论我们在讨论的是足球比赛、家庭问题、政治还是宗教，如果周围都是和我们观点一致的人，那我们就更容易证明自己是对的。社交媒体只会让这种倾向变得更糟糕。大多数人无法有效或礼貌地辩论，更不用说倾听另一种观点了。

人们的思想包袱

在任何正式会议、调解或听证会进行之前，人们都会先召开自己的会议，开会对象可能是他们的律师、配偶、朋友、老板、执行委员会或董事会。他们开这些会的目的是做出一些决定——他们将要说些什么，他们可以持怎样的谈判立场，他们可以放弃什么，他们在哪些方面可以站稳脚跟不后退。对于即将到来的讨论，这些提早进行的会议坚定地强化了人们"我们对抗他们"的心态。

人们将从这个预先确定的位置开始。你需要做的是忽略它。它只是一个基准点，不具有决定性、不明确，甚至不准确。有助于改变这种氛围的一种简单却有效的方法是使用包容性复数代词。不要说"你想做什么"，而要问"我们该做些什么""我们应该如何回应"或者"我们怎样才能对其更好地定位"。让杏仁核平静下来，这样人们就会觉得你理解他们，想要帮助他们，这是非常有价值的，而说"我们"这个词可以帮助你做到这一点。

这里还有另一个诀窍。为了避免妖魔化他人，要使用他们的名字。不要问"他们会做什么"，而要问"丽莎（Lisa）和张（Chang）会做什么""胡安（Juan）对那个提议会有何反应"或者"约翰和提莎（Tisha）有可能考虑这个想法吗"。使用人们的名字可以体现他们的个性和人格。当我们发怒时，人们就变成了"他者"。我们更容易对"他者"做出不好的行为，但对我们认识的人却不会。通过使用某人的名字，我们提醒每一个人，处于这场争论的另一边的是我们的同类。

"保持冷静"的艺术

你聪明睿智，能够聆听事实，听出话语背后的情绪，你表现得冷静、理性，并且小心谨慎地使用自己的语言，以营造良好的团队气氛。你知道目前的情况不是"我们对抗他们"的问题。是"大家"有问题需要解决。问题就摆在桌子中央，现在是"大家的"问题了。那么"大家"要如何解决它呢？

这也直接将你与他们置于同一条船上。我们是一根绳上的蚂蚱，要同舟共济，共同面对一切，你不只是什么局外人。你在"保持冷静"，并支持这个观点——和谐局面是可以恢复的。你将自己表现成这样的人——全身心地投入到当前事务中，非常愿意为他们付出时间和精力，并且认为，大家一定能达成一致、找到解决方案。

是"大家"在对抗冲突，是"大家"将一起解决问题。要劝说所有人都参与到"保持冷静"的过程中来。

我们总认为自己是温和的，我们认为自己观点平和、不偏激，处于中间位置：

◆ 如果你的立场没有我的极端，那你就是异端者。

◆ 如果你的立场比我的更极端，那你就是狂热者。

我们的大脑总是认为我们比真正的自己更温和。我们觉得自己处于中间状态，其他人的观点则更为极端，相对我们，他们不是偏右就是偏左。

食物的力量

试图改变人们的想法是愚蠢的，这会浪费你的呼吸、精力和努力，会毁掉你对他们的信任。当你在尽力扭转他们的观点时，你怎么能理解他们呢？做到"保持冷静"，你就不会放弃寻找解决办法。对于冲突的解决，要注意三个"P"：

1. 耐心（Patience）

2. 坚持（Persistence）

3. 比萨（Pizza）

如果处于冲突中的人们工作到深夜，不放弃努力，并点了食物，小小的奇迹就可能开始发生了。当我们围坐在一起吃东西时，即使面对的是一个很不容易改变的案例，也会开始出现一种微妙的团队建设现象。要解决的问题变成了大家共同的问题、大家的案子、大家的解决办法、大家的和解协议。"我们对抗他们"变成了"大家解决该问题"，即使是在最具敌对、挑衅气氛的环境中也是如此。也许你讨厌比萨上的洋葱，我也是。也许你是个纯粹主义者，只喜欢奶酪，我也是。这听上去可能有些傻气，但起码我们可以在某些事情上达成一致。食物使我们和其他人更人性化。任何食物都可以做到，但深夜比萨似乎是美国人的传统。我在伦敦做过调解，其中一方在深夜为每个人点了一份羊排。我也在中国香港做过调解，我们点的是饺子。在德国时，我们要了奶酪三明治，而在墨西哥，我们吃的是辣酱玉米卷饼。不管是比萨、饺子还是寿司，它们都服务于同一个目标：人类需要吃东西。在艰难的境况中，即使是这种共同点也会有所帮助。

不要放弃，不要放弃，不要放弃——这是"保持冷静"的鼓点。通过"保持冷静"，你会坚定不移地要求自己找到合适的解决办法。你击鼓，你扛旗，你运水，你架桥，你为他人保留空间。你不会放弃，认为大家一定能找到解决办法、和谐会得以恢复，敌对状态会终止。

在整个过程中，双方都会试图让对方相信自己是对的。

也许他们尝试过做出一丁点儿妥协。"保持冷静"有助于让协商越过这片流沙沼泽，让人们最终达成一致。

如何保持稳定

不要对他人的现实状况反应过度。情绪变化会呈现出不规则轨迹，在整个白天和夜晚，它们会一时高涨，一时低落。如果他们说：这事他们做不到、他们永远不会那样做、他们永远不会同意，不要相信他们。要"保持冷静"，设法让他们越来越接近达成协议。你们之间的距离越小，就越容易瓦解差异，从而达成交易或形成解决方案。

要努力、耐心、坚持不懈地工作。当人们接近崩溃时，他们往往会回到起点，发泄、诉说自己已经失去、放弃了多少，抱怨自己付出的比对方多，问对方为何看不到自己放弃了多少。人们希望对方能体验相似痛点的愿望会非常强烈。

这个时候，你可以温柔而坚定地伸出手，鼓励人们不要放弃、保持冷静，以温斯顿·丘吉尔（Winston Churchill）的风格和方式继续前行。要听从亨利·福特（Henry Ford）所说的话："不管你认为自己能不能做某事，你都是对的。"[3]

如果你"保持冷静"，你就可以缓解紧张气氛，让一切都在轨道上运转，使人们保持对话，并坚定地认为一定能找到解决办法。这为和谐奇迹的出现创造了空间。"保持冷静"就像分娩：混乱、痛苦，但最终还是值得的。

适应差异

就像做工作需要合适的工具一样，对于特定的人或冲突，你需要采取合适的方法。地球上 80 亿人中的每一个都有独一无二的指纹，但我们却被教导要以同样的方式对待所有处于冲突中的人。对每个人都使用相同的方案或方法是荒谬的。人与人是不一样的。他们辩论的方式不同，争斗的方式不同，解决问题的方式不同，吃的食物不同，喜欢的电影不同，对于相同的笑话，有人开怀大笑，有人毫无反应。

用相同的方式对待所有人会忽视我们每个人的独特人格。个性化医疗是新趋势。它意味着，对于特定的患者，要基于他们独一无二的特征来为其提供特定的药物。同样，我们也需要个性化的方法来治愈人类的冲突。对一个人有效的方法可能对另一个人无效。人们是其基因、个人经历、教养、文化和生命体验的混合体。问题在于，如何了解到人们的需求？他们会与什么产生共鸣？化解冲突、找到解决方案并解决问题的合适方法是什么？如果你有一个好的工具箱可以使用，那么做到这些就不会很难。

请"保持冷静"，等待解决办法的出现。

第 12 章
"一美元而已，她可是住在棚屋里"：
过度谈判及与混蛋谈判的风险

> 我父亲曾说：在一笔交易中，你绝不能试图把其中能赚的钱全都赚了。要让别人也赚一些，因为，如果你有了总是赚走所有钱的名声，那就不会有很多交易可做了。
>
> ——J. 保罗·盖提
> （J. Paul Getty）

有一次我在泰国北部，偶然听到一名游客在一个卖小饰品的小摊上和一名看上去穷困潦倒的女性激烈地讨价还价。我着迷地看着她们，这个激动的女性游客不愿放手，继续努力，企图说服摊主。我走到她身边，在她耳边低声说："一美元而已，她可是住在棚屋里。"这似乎打破了她的执迷状态，让她随后能完成了这笔交易。那名可怜的泰国摊主终于可以松口气了。

人们常常过于想赢，以至于只见树木不见森林。他们会在杂草丛中迷路，会陷入泥坑中。他们太过聚焦于细节而无法看到大局。我相信你明白这些。

凭借"保持冷静"，你可以帮助他人摆脱困境

正如我们已经讨论过的，人们在发生冲突时处于最糟糕的状态。他们可能会比平时更好斗、更可怕。结果，他们只见树木，不见森林。

假如你指出这一点或直接让他们注意到这一点，他们可能会觉得被冒犯或被攻击，并摆出防备的姿态。但是如果你使用类比、解释、故事，甚至有时候只是长时间的停顿，也许就能帮助他们推进事务。

有时我会看着别人，把手放在他们的胳膊上，然后说："这真的有那么重要吗？我们不要被困在这里吧。"我注视着他们的眼睛，彼此眼神相连，如果他们信任我，就会让我带领他们走出荆棘。这种情况在卡车司机、首席执行官、风险投资者和护士身上都发生过。我们都只是试图处理自己的情绪和需求的人。我聪明的儿子会运用幽默来化解紧张局面。他在这方面有天赋。他会微笑并说些诙谐的妙语，然后人们就开始和他一起微笑了。

"要么接受，要么放弃"

"要么接受，要么放弃"的提议在讨厌谈判的人中很受欢迎。人们分析现状，想出自己认为公平的方案，并拒绝改变主意。当他们的提议带来灾难性结果时，他们总是很惊讶。这种策略甚至有个名字：布尔韦尔主义（Boulwarism）。

莱缪尔·布尔韦尔（Lemuel Boulware）是20世纪50年代通用电气公司负责劳资关系的高级副总裁。通用电气公司在劳资合同谈判方面有着漫长而艰难的历史。布尔韦尔希望找到一个公平的方案，然后一直保持不变。这一立场最终酿成了一场灾难。

如果你手中握有权力，你可以让你的对手感到无能为力。感到无能为力的人会更努力地为重获权力而斗争。假如你的对手接受了你的最初开价，他们就会在其支持者眼中显得很愚蠢，或者会疑惑谈判桌上是否还有更多的选择。如果你强迫对方做出所有的让步，你很可能会失败。这种策略也许看起来很合理，甚至是数据驱动的，但它没有考虑到人为因素。它不了解人类，也不懂"保持冷静"。

事实上，根据美国联邦劳工法，若谈判者一开始就抛出方案，然后拒绝做出任何让步，则会被认为是没有诚意的谈判。该策略被称为布尔韦尔主义，对于布尔韦尔来说，这是一项令人遗憾的遗产，他曾设法改善自己公司的状况，但却并不真正了解人类。[1]

行为心理学家为这个主题专门设立了一个研究分支，叫作人为因素（human factor）。航空公司、医院、核电站和其他高影响力行业在设计流程时都会密切关注人为因素，因为人为错误可能会导致灾难性后果。

在"保持冷静"之初，你所做的所有构建信任关系、鼓励情绪表达、温暖而友善的行为都非常重要，事实、法律和细节也都非常必要，但是，人的心理因素是交易轨道上的润滑剂。如果你已经完成了与各方建立联系、构建信任和融洽关系的重要工作，就可以收获这种信任，以帮助自己和他人走向谈判进程的终点。

傲慢地夸夸其谈、故作勇敢和虚张声势以及吵吵嚷嚷、大喊大叫都只是毫无价值的空盒子。当它们被胡乱抛出来时，会发出一些声音，但没有持久力。用最大声音说话往往是表达不安全感的另一种方式，平静、自信的声音要有力量得多。不要争论，只需提问，我们就能帮助他人，让他们的观点变得更加温和。

当谈判陷入僵局时，可以讨论采用棒球仲裁

棒球仲裁是一种选定仲裁人且仲裁人必须决定结果是数字 x 还是数字 y 的技术。[2] 两个数字之间没有中间值。谈判双方都先决定自己的数字，然后他们有几次机会在看到对方的数字后修改自己的。例如，我说我的底线值是 100，我的对手说他的底线是 1000。仲裁人必须选择 100 或是 1000，因为二者都将被视为不合理，所以他会选定不合理性相对小的那个。第二轮时，我可能决定自己的数字为 250，这样看上去更合理，可以促使仲裁人选择我的数字，而不是对手的。我的对手也会这么想，于是下调到 750。如果我们再来一轮，可能就会进一步缩小差距，使两个数字达到 350 和 550。此时，达成协议的可能性就增加了。

棒球仲裁是一种"保持冷静"的形式，即"如果我觉得你会答应，就会开口约你出去跳舞"。换言之，对于我说的事情、提的建议或做的计划，假如我认为你拒绝的风险较小，那么我很可能愿意去尝试一下。

人们希望减少差距来推进谈判，所以跳着议价之舞。他们不想让自己显得容易受影响或轻易会改变，也不想传递出谈判桌上还有更多钱的信息，所以他们都保留了自己的底

牌。但双方的底牌之多，往往足以让他们的目标彼此靠近，这意味着，他们看到了了结谈判、达成一致的可能性。从长远来看，多出来的钱并不会改变任何人的生活，通常只是我们试图"赢"的自我意识的问题。失败的谈判可能会演变成一场恶战，但我们可以避免这种事情的发生。当我们"保持冷静"时，无论结果是赢是输，冲突都不会变严重，即便我们不能达成一致，我们也应该接受各自保留不同意见。

在更简单的人与人之间的冲突中，你会如何使用这项工具呢？对于你正在做的项目，如果你的同事听不进你的关于新方法的想法，不要强迫其接受，这会被视为"推动议程"的行为，而要使用棒球仲裁工具。你可以提供三种解决方案或方法。人的天性是向中间靠拢。你可以把自己的首选方案放在中间，再提供另外两个，一个比之更极端，一个较之更不极端。然后，你的首选想法相比之下就会听起来很合理，可以引发关于它的对话。你可以说第一个和第三个选项不可行，然后开启关于第二个选项的讨论。

"保持冷静"可以让一笔好交易得以达成。

第三部分

人们既怪异又美好

那些让你与众不同或显得怪异的东西是你的优势所在。

——梅丽尔·斯特里普
（Meryl Streep）

非言语交际是一种精心设计的密码，它没有被写在任何地方，也没有任何人认识它，但所有人都能理解它。

——爱德华·萨丕尔
（Edward Sapir）

第 13 章
责备游戏

无论你在哪里发现问题，通常都会看到人们在伸着手指相互指责。

人们沉迷于扮演受害者。

——史蒂芬·R. 柯维
（Stephen R. Covey）

责备是一种分散注意力、愚蠢、小心眼的游戏，但我们都在玩它。它引发了"责备、防御、辩解"的恶性循环。

你责备。

他们防御。

你辩解。

循环往复。

人们常常什么都没完成。没有达成任何谅解。没有找到任何共同点，但挖出了又宽又深的战壕。

做深呼吸

"做深呼吸"这句话听起来很陈词滥调，但确实管用。在感觉遭到侵害时，人类的天然倾向是自卫，要么主动攻击，要么被动攻击，这种天性源于人类的爬虫类脑中杏仁核的原始神经设计。

如果你做深呼吸，那就是在给你的大脑补氧，并给自己片刻的停顿时间来思考你希望做何反应，而不是基于习惯或本能做出回应。这可以让你重新获得对局面的控制权。最好的方法是其后提出问题，而不是用任何事实或主张来回应。请试着询问以下问题之一：

◆ "你那句话是什么意思？"

◆ "你那样说希望达到什么目的？"

◆ "你那样做的基础和支撑是什么？"

◆ "你想要让那个听上去像它表现出来的样子吗？"

◆ "你是打算用那个声明来终止谈判吗？"

◆ "你是想用那个说法离间我的客户吗？"

◆ "你是故意冒犯我的吗？"

人们在"保持冷静"过程中所采用的最佳回话可能还是这句："如果你真是那样感觉的，请告诉我更多信息。"这种回应将考验你和你"保持冷静"的能力。拥有成熟者的情绪控制能力是很难的，尤其当你的情绪被触发时。正如我的好朋友及出色的调解人大卫·德索托（David DeSoto）所说的，它也将"测试对方的水壶里还有多少蒸汽"。

假设冲突中的人们处于痛苦之中

处于冲突中的人们不仅仅只有冲突带来的痛苦，还有其他痛苦，比如婚姻中的痛苦，与父母或孩子间的痛苦，独处的痛苦，得不到满足的痛苦，或者对未来的痛苦。每个人都在应对一些事情。在"保持冷静"时，你能接受现实并充分利用当前资源。当他人难以相处、脾气暴躁、不可理喻、效率低下或恶劣透顶时，"保持冷静"会让你富有同情怜悯之心。

据报道，超过 3000 万人遭受焦虑症之苦，3700 万美国人服用抗抑郁药。我们的世界充满压力，焦虑是人类境况的组成部分。全球有很大一部分人使用酒精、大麻或其他药品进行自我治疗。生活不易。有些人的生活比其他人的更艰难。你不能将一个人的痛苦与另一个人的画等号。

对于在争端中"保持冷静"的做法，我们并不是在充当治疗师、心理医生或精神病医生。不过，我们可以在时间和空间上构建一个风眼（vortex），在那里，我们可以修复、安慰、认可、理解、共鸣和深度聆听。不要低估这些行为的治疗价值。对于那些不友好的人，不要在他们表达自我的时候做出反应。可以假设他们有一些状况，比如需要药物、需要睡眠、度过了艰难的一天、需要理解、需要休假或需要休息一段时间。

"保持冷静"能够改变你的视角，这样你就可以应对各种各样的人——包括个性最强烈的、最自负的、心胸最狭隘的、最铁石心肠的。或许你无法改善他们的生活，但借助"保持冷静"的过程，你可以帮助他们了结、终止或解决问题。这是一件很美好的事情。叶卡捷琳娜二世有一句指导性名言："大声赞美，轻声责备。"这是条切实可行的好建议。我那直觉敏锐的儿媳在一家退伍军人医院工作，和她打交道的都是身经百战、久经沙场的老兵，他们觉得在她的办公室里哭泣是很安全的事情。她提供了一个没有责备的空间。士兵们的痛苦和苦闷有一个安全的地方得以释放，这为他们和他们的家人创造了治愈机会。她比较强硬，但很善良。

凭借"保持冷静"，你可以防止责备的破坏性因素毁掉治愈机会。

多么出色啊！

第 14 章
礼貌和修养很重要

我的理念是，你不仅要对自己的生活负责，而且要在这一刻尽最大努力，这能使你在下一刻处于最佳位置。

——奥普拉·温弗瑞
（Oprah Winfrey）

英国心理学家伊丽莎白·斯托科（Elizabeth Stokoe）就词汇选择的影响开展过很多研究。这些研究让我看到礼貌的重要性，印象深刻。在与新客户的通话中，于不同时间点询问同样的问题，得到的应答会大不相同——一种是在通话刚开始的时候问："你是怎么知道我们的？"另一种是在快结束时间："在挂电话之前，你是否介意告诉我，你是怎么知道我们的？"[1]

我们这些能够"保持冷静"的人明白其中的原因。过早地询问无益于建立信任融洽关系。直截了当地提出这个问题会触发对方的防御心理机制，他们会想："你为什么想知道？我为什么要向你透露信息？"这种差异很微妙，但却真实存在。神经科学已经发现了一百多种人类偏好。礼貌与合作偏好的关联程度非常强，你可以利用这一点。

社会心理学家埃伦·兰格（Ellen Langer）和她的同事们做过一个有趣的实验。[2] 有关人类行为的一个广为人知的原理是，在请求帮助时，如果我们提供理由，就会得到更多的帮助。人们喜欢有理由，喜欢知道为什么。但有趣的是，给出的"理由"的逻辑性或说服力却并不重要。经过缜密、周到、深入的思考，兰格证明了这一点。

她安排人们排队复印，然后让某个人试着利用不同的措辞插队。令人惊讶的是，即使是简单的"我需要复印一份文件"，也有一半的人同意该人插队。更有效的方法是使用某种理由，比如"我上班要迟到了，不得不插队。"最有效的是使用任何理由礼貌地提出请求，"请问您能允许我插个队吗？我赶时间。"这获得了高达94%的接受率。我们现在有科学证据证明，教养和礼貌非常重要，这是多么神奇的事情。

在充满敌意的境况中保持礼貌

在"保持冷静"时，你可以首先提醒人们，在世界上的很多地方，冲突可以通过雇凶去打断对方的腿或烧毁其商店来解决。但这里不行，现在不行。毫无疑问，用言语来解决问题更耗时，而且可能更令人沮丧且代价更高，但是，坦率地把问题说透、谈明白显然更文明，并且会取得持久的效果。这使得人们能够保留他们的力量，获得有尊严的出路，探索更新、更好的选择，并有一种令人满意的终局感，这样，冲突就不会在他们的余生中一直困扰他们。

凭借"保持冷静"，在争端中表现得有教养、有礼貌，你可以控制自己，如同一个出色的交响乐团的指挥，挥舞着白色的小指挥棒，负责激发出每位演奏者的最佳状态，使得整个乐曲听起来美妙而和谐。

了结的重要性

买家的懊悔心理是真实存在的、骇人的、具有破坏性的。人们会开始忧虑，他们之前是不是太过理性或太体谅对方，自己是不是被占了便宜，把钱留在了谈判桌上，或者，也许自己实际上真的想要战斗到死。这就是为什么"保持冷静"对他们如此重要的原因，他们也许可以完全了结事情。

事件了结有益于身心。一旦一致达成，结果可以被接受，人们就能够继续他们的生活。在一些争端中，双方彼此纠缠不清，不想往前推进。他们只知道争斗，或者乐于争斗。如果你的童年家庭一直混乱不安，充斥着大人的打斗、叫喊、刺耳的言辞和严酷的行为，那么你可能会讨厌冲突，但又会觉得它很熟悉。想要摆脱可能会很难。经由"保持冷静"，你的潜意识里会相信存在这种可能性——这场争斗、这个案件、这起离婚、这次争论、这段关系能够彻底了结。

在涉及关系的事件中，比如离婚、争夺监护权或雇员提起的不当解雇诉讼，可能尤其难以找到了结办法。拒绝会令人非常痛苦。我们都想返回到熟悉的境况，即使这样做有害且具有破坏性——即使我们很清楚这对自己无益。这就是为什么逻辑、推理和理性在这里毫无价值的原因。

拒绝会触发人体的神经反应，从而激活杏仁核，驱使人们去争斗、逃跑或呆住不动。礼貌、礼节和教养有助于让杏仁核靠边站，使人们感到更安全，从而令其放松下来。"保持冷静"是你可以给予他人的美妙礼物，你只需以尊重的态度对待他们即可实现。

文化差异

我曾处理过一件事情：一位年长的西班牙裔女士被新来

的年轻有为的德裔老板解雇了，该老板随便叫员工的名字，但希望他们称其为"先生"。这位年长的女士认为这有失体统，并这样对老板说了。老板觉得自己没有受到尊重，于是开启了不尊重循环，在他们两人之间来回往复，直到火山爆发。老板抱怨说该员工从不直视他的眼睛，这也是一种不尊重。通过"保持冷静"，我们讨论了在很多文化中，不直视对方确实是一种尊重他人的表现。年轻的老板从来没有这样想过。通过为他"保持冷静"，我能够给予他所渴望的尊重，然后这给了他机会，让他看到，他的员工同样也渴望得到尊重。每个人都学到了一些东西。当人们感到不受尊重时，他们可以大喊大叫、哭泣、退缩，或者只是礼貌地坐在那里进行评判。处于评判状态的人不会对新的想法或解决办法持开放态度。

在美国和欧洲的大部分地区，使用名片是共享信息的一种方式。在大多数亚洲文化中，名片代表着个人的价值和地位。很多年前，我在中国香港调解我的第一个案子时，还不了解正式交换名片的重要性，但我注意到了这一点，因为我在"保持冷静"。我留意到，亚洲人会用双手递上名片，态度温和而恭敬。而美国人则几乎是随意地将他们的名片扔到桌子对面。"这真有趣，"我想，"我想知道，这意味着什么。"

对于"保持冷静"来说，有好奇心是极其重要的。它能让我提出更多问题，做更深入的关注，让我注意到那些在后来的谈判中产生很大影响的细微之处。

从文化的角度来看，我们展现礼貌的方式各有不同，但不要纠结于一丝不差的细节。总会有一些你不知道或没有意识到的东西。无论何种文化，在受到尊重时，人们心里会很清楚。当出现误解或发生了文化上的失礼行为时，如果人们觉得受到了尊重，那就会宽容得多。毋庸置疑，你会在这个过程中学到新东西。

只要进入"保持冷静"状态，你就定下了保持教养与礼貌的基调。你会在他人讲话时仔细聆听，努力理解对方所说的内容。你会集中注意力，关注他人。仅仅改变一下谈话的语气都会有所帮助。纵然你说的都是好话，你的语气是否具有威胁性？你的语气能引来回应还是听上去像在提要求？绝大多数情况下，互惠本身就能营造出一种氛围，在这种氛围下，对话可以变得更加文明、有礼貌。它建立起一种微妙的礼尚往来的格局，开辟出各种原本不会被考虑的可能性。

借助"保持冷静"，你可以激活各种可能性。借由"保持冷静"，你就会成为引领人们走出荒野的指南针或向导。

第 15 章
我们都是动物园中的动物

> 是故百战百胜，非善之善也；
> 不战而屈人之兵，善之善者也。

——孙武

你是否曾经去动物园，注意到一些不同寻常的动物？不是那种普通的狮子、老虎和熊（哦，我的天呐），而是比较怪异的。比如某只鸟好像不该长着那样的喙，某只啮齿动物的背上仿佛粘着一条河马的尾巴。或者是，这只动物身上长的是什么羽毛？

假如我们以这种方式想象人类，会怎么样？看到有人表现得不好时，我们可以"保持冷静"，对自己说："我的天，多么有趣的羽毛。"或者说："哦，他很生气啊，那是锋利的爪子，我怎么才能让它们收回去？""啊，这只很倔强，正在往地底下钻，我如何能让它感到安全而跑出来？"或者像这样:"她只想疾驰而去,但没有意识到前方就是悬崖,我怎么才能让她慢下来?"

动物园风格的"保持冷静"

"保持冷静"可以为你提供观察他人的机会,给你距离和空间。如果你面对境况时只是有情绪反应或感觉无能为力,那就无法有效应对。将人们视为动物园中的动物会给你一些力量和视角,让你能够在自己不感到威胁的情况下进行诊断。它还能给你以同情和关怀的能力,使你可以在紧张的情境中让自己发笑。它甚至可以帮助你处理权力不平衡问题。它将提高你的判断能力,这样你就知道该说什么以及如何说。它会让你看到除眼前所呈现出来的之外的东西。

动物会咆哮、撕咬、扔它们的粪便、喷洒液体、龇牙咧嘴。你不能和处于动物状态的人讲道理。为了让他们冷静下来,你必须了解他们表现得像哪种动物。他们展示着怎样的防御措施?几十年来,警方谈判人员都明白,冲着烦躁不安的人说"你要冷静"只会更加激怒他们。动物扔粪便是在表达沮丧和懊恼。伸出爪子或发出嘶嘶声是因为它感到惊恐了。嚎叫、咆哮则是因为它们感受到威胁。当你识别出这些信息时，就能更好地决定自己要如何回应。

作为能够"保持冷静"的成熟者，你可以帮助人们回到冷静的状态，那样局面就可能存在更多的选择。当事各方自己是看不到这一点的。他们卷入争论，太过投入，太心烦意乱，太出离愤怒。若你能为他们创造足够的距离，让他们纵观全局而不做本能反应，那么解决办法和协商谈判所带来的结果总是会更好。他们将开始明白、理解更多东西，搜寻并获得更好的信息，乐于接受并提出更佳的选择，他们将开始"保持冷静"。

如何在疯狂的境况中"保持冷静"

你是如何做到这一点的？如果你正处于激烈的讨论中，请"保持冷静"并询问自己，这种紧张局面的背后潜藏着什么么？人们当前表现得像哪种动物园中的动物？要用一只耳朵聆听讲话内容，另一只倾听该内容的言外之意。

人们当前正在展示什么样的羽毛？穿着什么样的盔甲？人们会保护他们坚硬外壳下面柔软的心。他们会守卫任何自己感觉受到威胁的东西——他们的金钱、自我、自尊、生存、被证明或承认的需求、受害者身份、权力，甚至只是他们的想法。人们会使用他们所拥有的工具。我们必须让他们摆脱动物状态，回到人类状态，这样他们才有能力聆听，做文明人，并尊重他人。

对于我们这些懂得如何"保持冷静"的人来说，我们就如同辐射泄漏探测仪。本书中的所有内容现在都可以供你放入你的工具箱。你可以使用这些策略来寻找辐射泄漏的地方。不要简单地认为他是个混蛋或她无法对付，你有许多工具可用于获得洞察力，以解决真正的问题，而不是只有有限的、教条的方法。"保持冷静"有助于让你明白到底发生了什么，然后你就可以拥有自己的"啊哈"时刻（顿悟时刻）。

"保持冷静"之时就是取得突破之时。

第 16 章
一打玫瑰——寻求建议

我从来不会失败。我要么赢，要么学到教训。

——纳尔逊·曼德拉
（Nelson Mandela）

"我想问问你对……的看法。"

"我很重视你的建议。"

"关于……你是怎么想的？"

使用诸如此类的问题可以向他人寻求建议和意见并表达自己的重视态度，会这样做的人不仅可以学到很多东西，而且能赢得相伴一生的忠诚朋友。如果你希望扩大自己的影响范围，那就找出他人能给你的东西，并在任何可能的时候就这些主题寻求他们的建议。征询他人的建议或意见会让他们觉得自己很重要、受到了重视、自我感觉良好。

这种"保持冷静"的方式相当于送对方一打玫瑰，这不仅能使他们感到荣幸，也会让你受益。如果你以心怀感激的方式提出请求，大多数人都会愿意免费为你提供他们的智慧和经验。

免费建议非常美妙。你可以使用它，丢弃它，把它变成你自己的，修改它，欣赏它，或者笑话它。这可是免费的建议啊，人们在请人生导师、咨询顾问和培训师方面要花很多钱。人们拥有大量宝贵的建议可以提供，只要你开口询问，他们就会迫不及待地免费给你。我儿子是我认识的最聪明的人之一，他是这方面的大师。他现在已经聚集了一大批会为他的成功而欢呼的人，因为即便他只采纳了他们的一小点建议，他的胜利也会成为他们的胜利。

你是如何寻求他人的建议的？你可以"保持冷静"，在一天之中反复使用下文将要提及的话术。也许突然之间，人们就会想要帮助你了。他们会希望看到你成功，因为他们希望看到你采纳了他们的建议。这让他们对你的成功有了一种微妙的、自己是既得利益者的感觉，这第一时间肯定了他们在提供建议这方面的智慧和才华。

要做到真正的"保持冷静"，而不要弄虚作假。不要在寻求建议的同时，含蓄地寻求赞美。要虚怀若谷地真正听取人们的意见，不要有戒心，也不要让他们担忧你会变得有戒心。不要关闭会流出所有那些免费建议的水龙头。用解释、辩解、否认或相反的推理来回应是愚蠢的错误，你对他人所给建议的感觉不重要。请记住，你并非一定要认可或使用它，你可以完全无视它，权力在你手中。

以下是一些你可以使用的很好的话术：

◆ "我怎样才能做得更好？"

◆ "你对此有何看法？"

◆ "你会有什么不同的做法？"

◆ "我有什么遗漏的吗？"

◆ "什么最有说服力？"

◆ "有什么让你分心的事情吗？"

◆ "那让你有何感觉？"

◆ "我想问问你对……的看法。"

◆ "我很重视你关于……的建议。"

人类是美好的，即使在他们表现糟糕的时候。他们可以作为好的或坏的榜样来给人以教导。他们可以提供不错的或差劲的建议。真诚地寻求建议能够让人更乐于接受他人的建议。另外，通过"保持冷静"，你可以做到接受，而不是做出被动反应。你可以拿走你想要的，丢弃你不想要的。你仍然能够学到东西，就像沙子中的钻石，你可以仔细挑选，只拿走宝石。如果你把每天学习新东西作为自己的一项任务，那么无论你的学习对象是好老师还是坏老师，你都将有所收获。我们常常因为那些不请自来的建议、糟糕的建议或过于勉强的建议而倍感压力。请记住，这全都只是信息，你有决定权。你可以一边聆听一边点头说："我会考虑的。"然后决定做你认为在这种情况下最好的事情。

通过"保持冷静"，你可以一直拥有洞察力，因而能够对多种可能性持开放态度。你不受限制，有选择，并可以选择向外拓展。如果你对自己的局限性提出质疑，那么你就拥有了这些可能性。你还不清楚多高算高、多深算深，也不知道自己还能了解、理解、成长或进化多少。

美国海军海豹突击队队员在学习如何踩水时，要一直练到他们再也无法继续为止。我丈夫有一个海豹突击队队员朋友，他问他："你能踩水多长时间呢？"他回答道："我不知道，我还没死呢。"

我们能获得多大的成就？能变得多么聪明、睿智、善良、技艺精湛？

我不知道，我还没死呢。

请"保持冷静"。

第 17 章
文化与障碍方面的考虑

我们可能有不同的宗教、不同的语言、不同的肤色，但我们都属于人类。

——科菲·安南
（Kofi Annan）

以下这些说法都很疯狂：所有女性的想法都一样；所有非裔美国人的逻辑推理方式都一样；所有韩国男性的想法都一样；所有西班牙裔的行为方式都一样；所有中国人的评价都一样；所有印度人都想要同样的东西；我们知道所有白人想要的东西；身体机能不同者都希望得到同样的对待。

一概而论是不准确的

这些简单的一概而论是荒谬可笑的。然而，许多文明社会依然试图按照文化、种族、民族、社会性别和性取向等将人们进行归类，仿佛这些群体中的所有人都是一样的。想象一下这些说法："喂，你，穿蓝衬衫的，你一定是这样想的。喂，你，穿黄裙子的，你显然是那样想的。"如果我们不会根据人们的衣着对其分类，那又怎么能按照他们的容貌、思维或行为来进行归类呢？"保持冷静"能够让我们看到蓝色衬衫下面的"人"。

对于我们所有人来说，唯一能确定的共同点是我们都有DNA。我们都有五个肺叶、一个心脏、一个肝脏，所以我们在结构上是一样的。但是，虽然我们也都有两只耳朵，可是听到的东西是不一样的。我们也都有两只眼睛，同样，看到的东西却各有不同。即便是盲人和聋人，他们也会以自己独特的方式来运用他们的感官。地球上生活着80多亿人，所有的人都有自己独一无二的指纹。科学家现在发现，每个人的虹膜和眼纹可能也都是独一无二的。所以，我们怎么可能用同样的方式对待每一个人呢？

问题就在于文化上的一概而论。并不是所有西班牙裔的想法都一样，还有亚洲人、非裔美国人、欧洲男性这些群体，也并非群体中所有人的想法都相同。白人男性已经被不公平地归类为一个庞大的群体，而没有考虑到他们的个体性。

没错，你现在明白了——我们都是独立的个体

"保持冷静"工具箱中的工具适用于所有文化群体，因为它们适用于所有人类。在任何群体中，我们都存在关于地位、等级和权力的问题。有时你可以使它们实现平衡，但大多数情况下你做不到。但是，如果你真的把每个人都当作有情感、有需求的人来对待，局面就能够开始趋向动态均衡。每个群体中都有思考者、感受者，以及通过听觉、视觉或动觉来学习的人（意思是他们靠听、看或触摸来学习）。有些人关注细节，有些人则想看到全局；有些人思维敏捷，有些人则思考起来比较缓慢。最后，"保持冷静"过程中最重要的是人，而非涉及的主题。如果你能"保持冷静"，就会给他人以尊重，就会看到个体，了解、理解他们的需求，并尽自己最大的努力来满足他们，无论他们看上去属于什么群体。

我们都尽量不去冒犯他人。但是，给人们贴上种族或文化群体的标签，并对他们做出假设，难道不是一种冒犯吗？我不想被贴标签，你呢？

如果有人以尊重的态度对待我，并真正注意到我，我会感到荣幸、被理解了。信任就是这样建立起来的。当有人说"她明白我的意思""他理解我的想法"或者"我可以信

任她"时，你就知道，你已经做到这一点了，不论人们的性别、种族、群体、宗教、年龄、性取向、立场或任何其他分类是什么样的。

在调解一起与残障人士相关的案件时，我在"保持冷静"方面学到了重要一课。坐轮椅的人并不希望被怜悯。他们希望得到和其他人一样的对待，希望他人也是出于尊重而能够看到他们、顾及他们，而不是某些法律要求的原因。我们通过法律来保障权利，因为我们彼此看不到对方。我们彼此不顾及、不迁就，因为我们甚至都没有注意到对方。

一个残障人士组织起诉了一家大型老式豪华酒店，因为他们没有提供合适的卫生间和会议室。调解是在该酒店的一间会议室中进行的。我很早就到了那里，一切都似乎准备就绪。当原告和他的三位律师都坐着轮椅进来时，我照例打了招呼。然后他们就直直地盯着我——看了很长时间。这让人很不舒服，不过我可以应对这种不舒服。我想，也许他是想做一个强有力的陈述，所以我等着。最后，他说："我们应该坐在哪里？"我很困惑。然后我看向桌子——真的是第一次看它。

这张桌子有一个又大又重的花岗岩台面，周围放了一圈黑色会议室用椅。除非把椅子搬走，否则他们无处可坐。天呐，即便以我所谓的高敏感度，我甚至都没看到这个问题，也没理解到，于他们而言，不得不挪动椅子，为自己的轮椅腾出空间会多么令人懊恼、沮丧。我道了歉，开始搬开椅子，把它们放到房间的角落里去。

然后我们就此问题好好交谈了一番。通过"保持冷静"，我问道："这种情况多久发生一次？""总是这样。"他们说。人们想不到也看不到。他们不了解身体机能不同的人在日常生活中不得不应对些什么。

在被告进入房间时，原告和他的律师已经在桌旁坐定。我首先与被告分享了自己刚刚的经历和吸取到的教训。经由"保持冷静"，我建议我们从一场关于残障人士能获取的服务和所面临的困难的对话开始。原告及其律师谈了很长时间。被告真的听进去了。

我们一直没有谈及法律、诉状中的指控内容或诉讼问题。在原告和他的律师发言后，我问道，我们是否可以做一件新奇的事情：是否有原告或他们的律师愿意让酒店经理试试坐轮椅，请其自行操纵轮椅在房间里转转，然后穿过大厅设法进入卫生间。这样，酒店经理就能亲眼看到这有多困难。原告勇敢的律师表示愿意，于是酒店经理紧张地试了一回。

这位经理甚至在房间里转动都有困难。诉状中有一项指控是，《美国残疾人法案》所规定酒店配备的卫生间距离宴会厅如此之远，以至于无法使用。通过从另一个角度看待问题，她理解了这一点。这说明了同情与同理心之间的区别。同情是从自己的角度来看问题，而同理心则是从别人的角度来看。

原本会是一场大型的诉讼辩护，但现在变成了解决问题的活动："该酒店历史悠久，所以，在不产生巨大成本的情况下，我们要如何改造卫生间、会议室和宴会厅，同时又能保持酒店本身的特色？"我们想出了办法，了结了案件，解决了问题，并获得了一点点启迪。房间中很多关心寻找解决办法的聪明人会协力找到一个。

周围的人都感觉良好，因为我们在"保持冷静"。

改变游戏规则

对于所有的《星际迷航》粉丝来说，下一个策略与小林丸（Kobayashi Maru）有关。[1] 可能有人不知道，小林丸是对电影中星际舰队学院学员的一项品格测试，测试将他们置于一个必败的情境中。学员需要体验失败，该测试正是为此而设计。在学员詹姆斯·T.柯克（James T. Kirk）之前，没有任何人曾成功通过测试。柯克通过为计算机重新编写程序而赢下了这个必败的设定场景。在《星际迷航》的虚构世界中，关于这是否合乎伦理的激烈争论大量存在。该表达现在用于描述这样的情况——对于此前从未有过解决办法的必败情境，通过重新定义问题来找到解决方案，从而获得胜利。

柯克舰长改变了游戏场景。他重新定义了胜利。在考虑到文化因素、障碍因素以及任何种类的差异时，你可以"保持冷静"，帮助改变游戏场景。如果有人坚持要玩美式橄榄球，你就可以把游戏改为欧洲足球。你可以将球的尺寸从篮球那么大改到棒球、高尔夫球或板球那么小，从而改变整个游戏场景、规则和胜利的价值。

对此你是怎么做的？要"保持冷静"。如果他人表现得咄咄逼人，不要有何反应，甚至不要做出回应。只要"保持冷静"，看着他们，试着发现他们正在发生什么。攻击别人让他们感到满意，还是对他们有压力？这是一种发泄方式吗？他们是在掩饰自己心里的恐惧吗？他们感到威胁了吗？他们有理由吗？他们在恃强凌弱吗？他们在为自己的挫败感寻找发泄口吗？著名的行为主义心理学家亚伯拉罕·马斯洛（Abraham Maslow）曾说："如果你拥有的唯一工具是锤子，那就很容易将所有东西都当作钉子来对待。"[2] 愤怒也许是他们能够做出的唯一反应或表现出的唯一情绪。

　　"保持冷静"可以释放压力，从而帮助你转向更有成效的前进道路。有人跟他们争论时，人们才会争论。如果你"保持冷静"，倾听、理解并向他们复述重要的部分，就相当于为他们提供了一枚避雷针来平息他们的愤怒。你要为他们"保持冷静"，因为他们自己没能力做到。愤怒不会产生任何解决办法，也不能建立或加强任何关系。愤怒带来的唯一好处是释放被压抑的情绪。通过抓住机会为他人"保持冷静"，你可以将柠檬变成柠檬水。

应对顽固和偏执

　　对于那些拒绝接受任何其他观点的人，我们要如何应对？我们当然不能直接与之对抗。反驳对方，告诉他，他有多错或你有多对，这是行不通的。顶多，他会勉强接受你在说话，只是等着轮到他来反驳你，继续强调他的立场。没有人曾通过争论来走上胜利之路。

　　在"保持冷静"时，要使用反射式反馈，又称镜像式反馈。当你把对方的话语说回给他们听，并尽力理解他们的观点时，他们很难不陪你一起玩。你只需重复他们所说内容的精髓部分。若你记不住所有的关键信息，则只要将最后几个词再说一遍。你可能需要这样做上几次，但最终，紧张气氛会得到缓和，他们会觉得你懂了，愤怒会开始消散。要认可你能认可的东西——他们的周到考虑、真诚、诚实、热情或细致谨慎。然后你就可以开始讨论想法和选项了。他们甚至会愿意听取你的观点和看法。

只告诉人们他们错了是永远无法说服他们的。如果他人固执己见，那你首先要"保持冷静"，然后问他们，对于他们的观点，哪种类型的人最有可能站在他们一边。自由派还是保守派？宗教信仰者还是非宗教信仰者？城市居民还是乡村人口？即使在非诉讼事务中，这也有助于人们重点关注那些会同意他们观点的人。突然之间，在没有争论的情况下，只是通过问一些温和的问题，你就可以帮助他们看到，并非所有人都同意他们的观点。这会立即让他们产生疑问——谁有可能相信甚至理解他们的观点。这让他们能够间接地通过别人的眼睛来检视自己的立场，这样他们就可以真正明白并考虑它。假如人们能自己得出这个结论，那么会更倾向于改变他们的观点。

这种"保持冷静"的方式会很神奇。当你让人们自己去领悟时，它会产生大得多的作用。"保持冷静"是一个务实的工具。人们往往太过执着于自己的观点，以至于不可能让他们看到任何其他潜在的结果。如果他们依然坚持认为自己的意见是唯一正确的选择，那么你可以问他们："假如陪审团、法官、老板、委员会或董事会没你聪明，会怎么样？假如他们很懒惰，不努力去了解事实，而是草率做出判断，那我们要怎么办？"

这些问题并没有什么正确答案，所以不要强求对方必须给出一个。问题本身很重要。人们可以一言不发地从某个立场上退却下来。提议可以改变，并且可以变得更加开放，令人们能够接纳你的建议和可选项。

认可的力量

你并不清楚他人正在应对什么，以及他们所承受的痛苦。他们可能会以具有攻击性的、微妙的或被动的方式来表达它。当人们觉得自己被剥夺权利、无能为力或受到歧视时，他们的现实表现是基于自己的生活经历的。此时试图改变他们的观点纯属愚蠢，而试着理解他们的观点则能够架起沟通的桥梁。

得克萨斯州的一个小镇曾爆发骚乱，因为该地区试图终止一项已经执行了十年的取消种族隔离令。早在二十年前，该地区就因存在歧视性惯例而被起诉，并以彻底、全面的体系改革作为回应。他们甚至成立了一个社区委员会，每周开会来监督这些改革。社区、学校董事会和学校中的几乎每个人都已看到，地区发生了真正的变化。极具洞察力的当地学校负责人赫克托耳·门德斯（Hector Mendez）问我是否愿意帮助社区通过某种方式达成这样的共识——事实上，当地已经做出了必要的改变，可以摆脱取消种族隔离令了。该法令使得当地在法律服务费、合规文书工作和监督方面花费了大量资金。当地学校希望将这些资金转用到学生编程和教师支持事务上去。

问题出在那个委员会。成员们全身心地投入在当前的工作进程上。我飞了过去，开始与每一位委员会成员单独会面。我"保持冷静"，聆听着，没有争论，也没有劝说。我尽力了解他们想要什么，更重要的是，他们需要摆脱什么。事情逐渐变得明朗起来，这些人都是心地善良的人，他们在过去十年的大部分时间里都尽了最大的努力。十年来，他们一起工作，一起解决问题，一起用餐，每周都会面。然后，社区要求他们放弃这些。你明白这是怎么回事了吗？很好，你现在和我一起"保持冷静"了。那么，解决办法是什么呢？

那就是"认可"。我们为他们安排了一场盛大的晚宴，向他们表示敬意，感谢他们对学校和社区所做的贡献。我安排社区领导人与他们会面，真诚地亲自感谢他们提供了多年服务。我还举办了一个只有委员会成员参加的小型私密仪式，在仪式上，他们可以追忆往事、相互安慰并承诺大家保持联系。我们不能像是该委员会从未存在过那样把它解散掉。那是受到冷酷、理性、法律和事实分析影响的结果，这种影响已经体现出来了："这需要花钱。我们不再需要它和你们了。我们需要钱做别的事情。这就是个麻烦。"它完全无视为该事务尽心尽力投入了时间、精力和热情的人们的人性。

你不要以为一切都称心如意，我向你保证，现实并非如此。协商过程中存在相当多的喊叫、抱怨、唠叨和绝望。有些人有一点权力，不想失去它。但是经由"保持冷静"，我们能够使用本书中奉送给你的相同工具来解决所有这些问题，最终，委员会自愿解散了。

你也可以施展这种魔法。它在家庭聚会也能用得上，比如卡米尔（Camile）总是坚持在同一地点聚会，或者巴基（Bucky）每次都要求吃同样的食物。当你看到权力失衡时，请查看一下，对他人表示一定的认可是否能够令其不再紧握手中的权力杠杆。也许他们需要一个有尊严的松手方式。你要寻找它。

　　当你"保持冷静"时，你就可以给他们一条有尊严的出路。

第四部分

完成工作、达成一致、解决问题、了结案件、消解争端

最困难的是做出采取行动的决定。剩下的就只需要坚韧。

——阿梅莉亚·埃尔哈特
（Amelia Earhart）

太多的以色列人死了。太多的巴勒斯坦人死了……
我们必须提醒自己，绝大多数巴勒斯坦人和以色列人都强烈希望得到和平。

——贝拉克·奥巴马
（Barack Obama）

第 18 章
创造小而可赢的胜利

要为你所关心的事情而斗争，但要以能够带领他人和你一起努力的方式去做。

——鲁斯·巴德·金斯伯格
（Ruth Bader Ginsburg）

我读过一篇关于信用修复机构的引人入胜的文章。起初，当负债累累的人来到信贷办公室时，他们会被要求写下所有债务的具体情况，包括到期金额、利率、到期日等。从逻辑上讲，利率最高的债务需要先还清，对吧？这似乎是明智的。有趣的是，人们不遵守还款计划的概率奇高。

然后信贷机构重新调整了优先级，让人们先还清数额最大的债务。同样，不遵守计划的概率还是很高。为什么？难道人们不想还清债务吗？难道他们不明白，支付 22% 的利息是沉重的负担，他们应该先还清那些信用卡吗？

自我强化是一件有趣的事情

人的自我有"赢"的需求，需要一些积极的强化。在被迫吃了蔬菜后，它需要一点冰激凌。当清单看上去如表 1 所示时（第一栏明显是一笔数额巨大的高息信用卡账单），人们会尝试慢慢还清这笔债务，但最终会变得心灰意懒、无法做到。因为离实现该目标似乎太遥远了。

清单常常是这个样子：

表 1　债务清单

债务	到期金额 / 美元	利率 /%
信用卡	5000	22
公用事业费	85	0
朋友的贷款	300	5
服装店	25	10
车贷	225	4
机构贷款	35	0

因此，这些机构接下来尝试了一件看似不合逻辑的事情。他们根据美元金额的大小对债务清单做了重新排序如表 2 所示时，将金额最小的放在最上面一栏。现在，清单看上去是这样的：

表 2 　调整后的债务清单

债务	到期金额 / 美元	利率 /%
服装店	25	10
机构贷款	35	0
公用事业费	85	0
车贷	225	4
朋友的贷款	300	5
信用卡	5000	22

　　看呐，计划的遵守率直线上升。人们还清了他们的债务。他们学会了在债务还清之前停止消费。为什么会这样？是因为小而可赢的胜利起了作用。他们可以立即还清 25 美元的服装店债务，将其从清单上划掉。他们会感觉良好，觉得成功了，为自己感到自豪。然后，他们会愿意还清 35 美元的机构贷款。虽然这个不要利息，但他们可以从清单上又划掉一项债务，这让他们感觉很成功。85 美元的公用事业费有点多，但他们能应付。等到要还信用卡账单时，他们会更自律、更务实、更能信守承诺。债务还清了，系统正常运转，自我可以吃它的冰激凌了。

　　当你"保持冷静"时，不要先对付最大的问题。要创造小而可赢的胜利。可实现的胜利会带来成就感，使人体释放令人快乐的激素、可以稳定情绪和健康状况的 5– 羟色胺，以及属于大脑的激励和奖励系统的多巴胺。人类天生如此。当你创造小而可赢的胜利时，"保持冷静"工具就能接近这个特别的人体系统。

如何在冲突情境中创造小的胜利

我们需要立即找到各方意见一致的地方，即使是很小的地方。它能为成功定下基调、缓解紧张气氛、向人们展示可能性，并让人们开始产生乐观情绪和一种感觉——也许，只是也许，我们可以解决这场冲突或达成一致。请试试以下这些方面：

◆ "我们午餐应该吃什么？我们都喜欢玉米饼？太棒了。"

◆ "房间内的温度适宜吗？很好。"

◆ "我们都讨厌压力？太好了。"

◆ "我们都想找到解决办法。非常好。"

◆ "我们都认可应该从哪里开始。很不错。"

这些有助于人体释放让大脑快乐的激素。当我们被认可时，大脑会释放多巴胺，刺激大脑的奖励中心，还有 5-羟色胺，它是在我们对自己有信心或感觉他人对我们有信心时释放出来的。"认可"是能够使嘎吱作响的车轮在轨道上更平滑滚动的润滑油。要去捕捉他人做好事的情境，看到它，认可它，赞扬它，这是小而可赢的胜利。

◆ 如果有人的表现得过于小心眼，请"保持冷静"，注意到，并对其做出评论。

◆ 如果有人做到了倾听他人，请"保持冷静"，并认可这种行为。

◆ 如果有人拒绝玩责备游戏，请"保持冷静"，并赞扬其表现。

最后，要鼓励人们变动自己的位置。很多冲突的化解都涉及某种形式的协商谈判。我们会从哪里开始往往基于我们想要到哪里结束。人们会试图给自己留出变动的空间，但那不会创造小而可赢的胜利。请尝试让自己的观点有一种让人感到意外的合理性。我们常常会有意识、无意识地觉得自己会被拉向中间位置，所以一开始就会让自己的立场更加坚定。但优秀的棋手能提前想好三到五步，会设计出一招来刺激对手往他们想要的方向走一步。有时候你应该拿出出其不意的合理性观点，让对手感到意外，然后出乎意料地坚定地推进下一步，从而传达出谈判桌上实际上有多少步棋要下的信息。

你可以走一大步，也可以走几小步。如果你的推进是可预知的，那它们就将产生可靠的边界。当人们看不到你的边界时，他们会继续努力争取。没人想把钱留在谈判桌上或做一笔糟糕的交易。如果你在谈判中表现得很混乱，他们就不知道何时算结束，或者当你说事情结束了时，他们也不会相信你。没人想要被认为是傻瓜或被占了便宜。通过为你自己和他人"保持冷静"，你可以为你和其他各方一起寻求小的胜利。简单的"道歉"或"认可"能在维护稳固边界的同时为你打开通向胜利的大门。

假如人们觉得不满意或不信服，他们的风险感知能力将会不稳定。他们也许会冒很大的风险，可能看不到手中已有资源的价值，而是更看重再战斗一个回合后可能得到的东西。他们不想消解冲突，而是想让它继续下去。他们依然蓄势待发。

我们只看到自己想看到的东西

神经科学家将这一现象描述为缓慢发作风险。人们对闪电抱有极大的恐惧，全球每年有 4000 人死于闪电，然而他们却不害怕吸烟，即使每年有超过 124 万人因吸烟而丧生。[1]我们认为自己的孩子是学校里最聪明、最健壮、最好看的孩子，即使这在客观上并非真实情况。当我们习惯于某事时，我们就会丧失洞察力、判断力。

救生员有可能因为他们试图救起的人而被淹死，所以他们接受的训练是等待并发出指令，然后以超级英雄的行事风格冲过去抓住他们。有时候，人们必须先坐在自己的情绪浴缸里，然后才能决定爬出来并将其冲走。每种情境都有所不同。借助"保持冷静"，你可以留意到油箱中还剩多少燃料。你可以帮助他人做出决定，继续战斗是否值得，停止战斗是不是更明智。这也可能是一场胜利。没人希望因战败而撤退。你能如何帮助他们将认识从杯子半空转为杯子半满？胜利在哪里？你如何能看到这种转变的益处？

"念念不忘的复仇者会让自己的伤口保持新鲜如初。"17世纪英国科学家和哲学家弗朗西斯·培根（Francis Bacon）如是说。[2] 依靠"保持冷静"，你可以帮助他人放手，将伤口重新定义为过去战斗的伤疤，或以更高的视角来看待所发生的事情。他们想从现在开始将这场战斗再打上一年吗？再打五年？再打十年？战斗有了它自己的生命，一旦开始就很难停止。借助"保持冷静"，你能够用更长远的眼光看问题，并引导人们走向另一种不同的现实。

常常，人们会深深地陷入战斗中，就算有人提供了好的解决办法，他们也抓不住。有时他们如此喜欢做一个受害者，以至于这已经变成了他们身份的组成部分。战斗令人自在、满意、有熟悉感、难以放手。你认识多少一直身处糟糕境况的人，无论是工作、婚姻、友谊还是城市生活？改变的动力常常难以发现、获得。有人会开玩笑说，只有两种人喜欢改变：少数派政客和湿漉漉的婴儿。

量子物理学的探索已经深入了多维现实领域，这已不再是科幻小说了。我们现在知道，能量既可以是粒子也可以是波。杯子既可以是半空也可以是半满，你会选择如何看待？处于冲突中的人们的视野会变得狭窄，他们看得清、看得广的能力严重受到限制。但不管怎样，你可以为他们"保持冷静"，让他们看到你能看到的、你能预想的可能性。有时候，他们会将其当作救命稻草抓住不放，并且相信你能够让他们放下愤怒、伤心、沮丧、痛苦、恐惧或戒备。然后他们就可以放手了，并继续前行，得到治愈。

请为他们"保持冷静"。这是一份你可以随时选择提供的礼物。

第 19 章
不要接受他人的否定答复

不要将你的许愿骨（wishbone）放在脊梁骨（backbone）应该在的地方。

——伊丽莎白·吉尔伯特
（Elizabeth Gilbert）

"保持冷静"意味着你不接受他人立即给出的否定答复。

对于下面的任何一条，如果每次有人对我这么说，我就完全同意并照做，然后就能得到一美元，那么，我就会坐拥一堆金子了：

◆ "那永远行不通。"

◆ "我们永远不会那样做。"

◆ "那是不可能的。"

◆ "那是破坏交易的事情。"

◆ "没门，决不。"

◆ "那永远卖不出去。"

159

◆ "没人会同意这一点的。"

◆ "我们永远不会付那个钱。"

◆ "我们永远不会接受这一点。"

调查研究局限性

人们常常不清楚自己的真正需求，不知道什么是可行的，也不明白什么是可能的。因此，如果你能为他们"保持冷静"，他们就可以探寻到各种可能性。恐惧和设限是否限制了他们的思维？通过"保持冷静"，你可以真实地探索这些问题。

请先调查别人。"保持冷静"并提出问题，比如"假如……，会发生什么""当……时，那看起来会怎么样"。人们付出的钱总是会比他们自己认为会付出的多，而得到的却比自己想着要得到的少。这是人类境况的组成部分。道歉能创造奇迹，它是维系人际关系的纽带。从不同的角度去看，一个信息是新还是旧可能会有所变化。一个新的想法可以创造出各种有趣的可能性。讨论的过程是美好的。就其本身而言，紧张局面下的良好沟通是一种活生生的呼吸过程。被称为深情的社会工作者的马克斯·卢卡多（Max Lucado）说：

"冲突无可避免，但战斗可以选择。"[1]

如果有人不耐烦，大喊大叫——"我现在就想要解决方案""这是浪费时间""他们永远不会这样做""她永远不会认同任何合理的事情"或者"他真是没法对付"，你该怎么办？

你可以"保持冷静"，温和地回答："人类的妊娠期是九个月，大象要两年半，答案取决于我们在这里要生出什么来。"之后他们就会安静下来。

那些因为自己的局限性而争论的人会看到自己的局限性。当你"保持冷静"时，你是在把事情展开。我们不会在未经测试的情况下轻易接受局限性。我们会不断询问："还有什么？有什么可能？我们还有什么没想到的？我们能尝试哪些选项组合？"疲惫有助于缓解紧张情绪。想要证据吗？

你是否曾监管过建设项目、房屋改造或新设备安装工程？一开始你会希望项目完美实施。既然你付了钱，当然希望它完成得出色、没有差错、完整彻底。每个项目都有一个包含未完成或有问题的工作项的剩余工作清单。在一小段时间内，承包商将努力完成它们。有些工作项会依然有错漏，有些零件缺货，有些东西还是有毛病。几周或几个月后，我们只想让承包商离开我们的房屋或公司。本来绝对无法接受的情况突然之间就不值得为之争斗了。

在冲突中，人们会为任何事情而争斗。并非所有的问题都具有相同的权重或同等的重要性。通过"保持冷静"，你可以将注意力集中在能力、目标或结果上，你可以帮助他们搞清楚，何时该战斗，何时该放手，何时该将问题暂时搁置。假如你遇到无法解决的问题，请告诉自己："这还没有解决。"然后把它推到以后讨论。有时你需要回头来看它，而另一些时候，它会奇迹般地消失，再也不会被那个曾经恶狠狠地紧紧抓住它不放的人提起。

三明治技术

三明治技术不是我的发明，它一直都存在。如果你有一些难以出口的话要说，像三明治一样，把它夹在两个合理且积极的陈述之间。例如，你想要或需要告诉某人，他 / 她在某事上做得很差，或者你打算对某事说不。你可以从一个合理、积极、真实的陈述开始，比如"我很清楚你已经尽力了""看上去你想尝试一种聪明的方法""这对你来说可能是新任务，然而你还是立即投入进去了"或者"我欣赏你的态度（或决心、诚实）"。接下来，给出严厉的、让人难受的或负面的信息。之后，用另一个合理、积极、真实的陈述完成这个三明治，譬如，"谢谢你尽了最大的努力"或"我很清楚你想把这件事做好"或"我很感激，你是多么努力地去尝试了（或者，你是多么的聪明、你是多么的有创造力）"。这个方法可以打开耳朵，这样别人就能听进你的话，然后将镇痛药膏涂抹在负面评论造成的灼伤上，这样它就不会刺痛或不会那么刺痛了。试试看，真的有效果。

当冲突中最难对付的人对你说："我早就知道了。"此时，你就明白自己已经成功了，协议最终达成了，解决办法最终敲定了。

请"保持冷静"并微笑。

第 20 章
盛怒—治愈

你永远无法通过对抗已存在的现实来改变事物。要想改变某样东西，请构建新模型，淘汰掉现有模型。

——巴克敏斯特·富勒
（Buckminster Fuller）

美国邮政总局是美国最大的雇主之一。在 20 世纪 80 年代至 90 年代，这个庞大的官僚机构所带来的压力导致了大量可怕的枪击事件，前雇员来上班，在办公室开枪，造成多名同事死伤。整个状况非常恐怖，人们根本无法抵御攻击。在美国，"Going postal"成了人们公认的表达盛怒的短语。

为何之后邮局不再遭到攻击了？这一切都基于一位叫辛迪·哈尔贝林（Cindy Hallberlin）的女性的聪慧和洞察力，以及她说服政府官员制订了一项没人认为会真的奏效的计划。她使用了转化型调解，这种调解过程旨在促进讨论，而非解决冲突或问题。这只是一个允许员工说话的过程——知道他们正在被聆听且受到重视——这带来了一个更安全、更值得信赖的工作环境。转化型调解是"保持冷静"的一个很好的例子。

律师、高管和专业调解人（尤其是律师调解人）都对该计划嗤之以鼻。它不是为了找到解决办法或了结任何事情而设计的——那它有什么用？工会讨厌它，劳资关系主管也讨厌它。每个人都在问："那它到底应该做什么？好像人们只是坐着相互交谈？只是被倾听、被理解？那怎么可能好到足以平息邮政总局内部的强烈不满呢？"

然而它确实做到了。它提供了一个排气阀，人们因而感到被倾听、被重视。无论是否有事情真的得到解决、记录或签约，情况都是如此。事实上，自该计划实施以来，没有一家美国邮局发生过有人狂怒失控而开枪的事件。多少生命得到了挽救？美国邮政工人联合会的 30 万成员不再生活在恐惧之中。投诉量下降了 80%。

我的朋友辛迪倡导这样的观念——我们需要相信人们的人性，以及他们在给定的有序而安全的空间中解决自己问题的能力。这是多么值得称道的"保持冷静"的例子啊！

她分享了下面这个关于转化型调解工作的故事。一名邮递员就某事提交了投诉。投诉内容并不重要，因为那不是真正的问题。在调解过程中，他提到，他的主管给员工编号，并且只用号码来称呼他们。这名主管工作相当忙，有如此之多的人要向他汇报，他觉得这个方法效率很高，还有点好玩。邮递员觉得这个做法不人性。他说："我是一个父亲、执事、儿子，但他剥夺了我的尊严，因为他甚至都不叫我的名字。"主管愕然。他从未想到，自己用于提升效率的高招却让员工士气低落、人性遭到损害。该主管不再给员工编号，而是努力叫出他们的名字。结果，投诉被撤回，主管觉悟，员工感觉自己被倾听了。总而言之，美好的一天。

很多大型机构都变得官僚化、孤岛式了。当我们面对所有的表格和协议时，真实的人可能会迷失了。机构不再能看到在那里工作的个人及其服务的客户的人性。"通往地狱的路是用善意铺就的。"——这句古老的谚语在许多充满善意的优秀组织中可悲地发挥着作用。我们需要询问，人们为什么不快乐？什么会让他们在工作中感到满足？什么能带来良好的客户体验？

"保持冷静"背后的概念很简单。它们是眼睛、放大镜和显微镜。让我们为恰当的问题寻找合适的解决办法。我们可以让事情变得更轻松、更和谐、更公正。

我们可以通过"保持冷静"来共同做到这一点。

结论——轮到你了

做不可能的事情是一种乐趣。

——华特·迪士尼（Walt Disney）

我喜爱类比和视觉图像。人类是用图片思考的。最早的文字是象形文字。我们的杏仁核能理解图片，合适的图片对人有安慰作用，能令人放心。在"保持冷静"时，我会抛出很多类比，看看哪些对特定的人有意义且可关联。如果某人是高尔夫球手，我们将使用与高尔夫运动相关的类比。假如某人在军队中，那就用军事方面的类比。若有人谈论其小孩，我们就会联系到孩子身上。你是烘焙师？好极了，你最拿手的食物是哪一种？你在练瑜伽？瑜伽中的伸展可以为解决冲突所需工作提供很棒的比喻。

"保持冷静"如此重要，因为它可以帮助你决定用什么语言来讲话。当别人在说日语时，你为何要尝试用西班牙语交谈？假如你有一个包含类比、视觉线索、故事和隐喻的工具箱，就可以在需要的时候拖出来，你的技能越丰富，运用起来就会越成功。请使用本书中的故事，将它们赠予他人。

生活中不可能没有冲突。现在，你可以拥有一种自己懂得如何应对冲突的生活了。请"保持冷静"，让你的生活丰富多彩、更加和谐。

既然你已经了解了这些工具，那么现在要怎么做呢？你明白了"保持冷静"的含义及其作用，能看到周围的各种可能性，还很务实。你现在有了可以帮助你的工具，拥有故事和类比来帮助构建对话。我鼓励你创作自己的故事，对你来说是真实的故事。

第一步是决定"保持冷静"。每当你自己心烦意乱、身边的人烦躁不安或你看到有冲突正在酝酿时，请练习这样做。你不必非得成为铁人三项运动员或马拉松运动员。你只需要简单地朝着这样的方向走——明天把一件事做得更好。

让我们来盘点一下你的"保持冷静"工具箱。

1. 对着在聆听你的耳朵讲话。

2. 澄清笼统性词语的具体含义，比如"总是"或"从不"。

3. 倾听他人未说出的内容。

4. 让沉默的魔力发挥作用。

5. 不要害怕高涨的情绪，将它们视为做出诊断的机会。

6. 仅将问题视为等待找到解决办法的任务。

7. 找到自我利益。

8. 决定成为房间里的成熟者。

9. 懂得"不输"可能比"赢"更重要的道理。想办法自己拥有或给予他人一些力量。

10. 寻求有创造性的解决办法。

11. 使用复数代词"大家"来避免"我们对抗他们"的心态。

12. 避开过度谈判风险。

13. 避免玩责备游戏。

14. 明白礼貌和修养很重要。

15. 对人们产生好奇心，不要对他们的行为做出反应，问问自己，他们是动物园中的哪种动物？

16. 明白寻求建议就像送一打玫瑰。

17. 对文化和能力保持敏感。

18. 创造小而可赢的胜利。

19. 在确信所有选择都已用尽之前，不要接受他人的否定答复。

20. 总是——真正地，总是——"保持冷静"。

"保持冷静"就像坠入爱河。你可以读所有你想读的爱情诗，看浪漫电影，享受按摩。但只有当你陷入爱中或爱某人、某物如此之深以至于受伤时，你才会感受到爱。"保持冷静"是一种习得的技能。它从简单的决定"保持冷静"开始。真的，就是这么简单。你做得越多，就会做得越好。

最后，我要留给你一个精彩的故事。1954 年，当《彼得潘》（*Peter Pan*）首次出现在百老汇的舞台上时，孩子们非常高兴，每个人都想成为彼得·潘。不幸的是，这部音乐剧演得太逼真了，孩子们开始从阳台和防火梯上往下跳，试图飞起来，结果造成重伤。报纸恶意抨击、指责这部作品。

还记得我们在第 13 章中讨论过的"责备 – 防御 – 辩解"的恶性循环吗？幸运的是，《彼得潘》的制作人是个成熟者。他没有进入防御状态，而是重视安全问题，决定采取他的版本的"保持冷静"。他看到了问题，并聚焦于找出解决办法。这部剧太过逼真，所以他找到了一个方法来解决这个问题。他修改了剧情——只有当小叮当（Tinker Bell）把魔法仙尘撒到彼得·潘身上时，他才能飞起来！问题解决了。[1]

让我们所有人都在周围撒下魔法仙尘，看看我们在"保持冷静"时会发生什么。

愿这项工作像你翅膀下的风一样鼓舞人心。

讨论指南

　　我希望，通过阅读本书，你能够受到启发，去尝试新的工具来拓展自己的技能，并在紧张时刻、争论、争斗、诉讼、离婚、投诉和各种各样的冲突中提高自己的效率。

　　"保持冷静"与所有技能一样，些许实践就能起到很大作用。你可以和朋友一起做，在团队中做，当然还有在机构中做，这将有助于使其变得更加有趣、有吸引力、令人愉快。这也将巩固所学知识和技能组合的发展。

　　这里有一些有用的入门技巧。

　　你可以召集一些朋友，组建一个团队，运用读书俱乐部模式，或将这个讨论指南作为培训你的组织的基础。你们可以每周阅读几章，然后讨论各自的见解和观察结果。对于你刚刚读过的内容，听听别人的看法真的很有帮助。很有可能，他们会有不同的想法，并引发一场很好的讨论。如果讨论能变得气氛热烈，那就尤其有益，然后你就可以练习使用各种"保持冷静"的工具。假如你能把讨论分成好几个阶段，那么，一旦开始关注这些想法，你就将能够更深入地回到最初的概念。

我已经为本书中所展示的每样工具都添加了讨论问题。你可以将这些与书中的章节和"结论"中的工具包一同使用。

你可以从头开始按顺序通读本指南，也可以跳去你最感兴趣或对你最具挑战性的随便哪个章节。你将拥有几种你特别喜欢的工具及一两种自己讨厌的。显而易见，更好的实践是操练那些令人不愉快的工具——这种时候你能学有所得。还记得关于创造小而可赢的胜利那章吗？我特别喜欢在蔬菜中加点糖。可以先做一些容易的事情，然后再对付难事。可以先讨论一种有趣而轻便的工具，然后攻克更难、更具挑战性的。选择权在你手里。把它做成游戏会很有趣。团队中的成员可以表达出多少种不同的想法？你能在下一次讨论中打破自己的纪录吗？糖果、饮料或小玩具这样的小奖品可以让它变得快乐有趣。

"保持冷静" 工具包训练提示

1. 对着在聆听你的耳朵讲话。

   A. 你怎么知道他人想要什么或需要什么？

   B. 你如何调整自己的信息以适应听者？

   C. 即使传递的信息有所不同，你如何保持真实性？

   D. 讨论"感激"与"认可"以及"同情"与"同理心"之间的不同。

   E. 你如何看待互惠偏好在自己的生活中所起的作用？

2. 澄清笼统性词语的具体含义，比如"总是"或"从不"。

   A. 对于常见的笼统性词语，如"总是""从不""绝少""常常"，你团队中的每位成员使用它们时所指的百分比是多少？

   B. 在白板上画好表格填入答案，然后讨论我们针对这些词语所给出的百分比值有何不同。

   C. 词语的选择会如何造成冲突？

   D. 怎么才能避免这种冲突？

3. 倾听他人未说出的内容。

    A. 人们的言语背后隐藏着什么？你觉得他们真正想表达的是什么？讨论一些某人说某件事但意指另一件事的例子。

    B. 为什么有人不直截了当地说出自己的需求或感受？

    C. 某人说一件事却意指另一件事的合理理由是什么？

    D. 讨论有关安全、恐惧、无能为力或操纵的问题。

4. 让沉默的魔力发挥作用。

    A. 你能如何运用沉默来帮助缓和局面？

    B. 什么时候沉默会令人胆怯、紧张不安？

    C. 你如何打破沉默来创建对话？

5. 不要害怕高涨的情绪，将它们视为做出诊断的机会。

    A. 面对他人情绪高涨时，你有何感觉？

    B. 高涨的情绪有哪些类型（包括积极的和消极的）？

    C. 你在表达愤怒时有多自在？当你成为他人表达愤怒的对象时，你有多不自在？

    D. 你能从吼叫、大喊或攻击他人的人身上学到什么？

    E. 在感觉受到攻击时，你能如何"保持冷静"？

6. 仅将问题视为等待找到解决办法的任务。

    A. 你倾向于把杯子看作是半满的还是半空的？

B. 这会如何影响你解决问题的能力？

C. 你的成长历程是积极的还是消极的？

D. 碰到问题时，你是感觉有压力，还是乐于努力寻找解决办法？

E. 是否存在你现在认为不再需要的看待问题的模式？在构建基于解决办法的思维模式方面，哪些事情会有所帮助？

7. 找到自我利益。

A. 何为自我利益？讨论一个某人的话语与其之前提到的需求不相符的例子。

B. 这个目标对你有挑战性吗？还是很容易做到？

C. 选一个当下的新闻话题，与团队成员讨论每个利益相关者或每个论点的自我利益是什么。

8. 决定成为房间里的成熟者。

A. 请团队成员诚实地讨论并从回答这些问题中发现价值所在。练习的第一步是，询问自己有关你过去与之发生过冲突的人的以下问题：

◆ 这个小暴君有何优点？

◆ 这个暴怒的男人的真实情况是什么？

◆ 这个歇斯底里的人有何正当、合理之处？

◆ 这个愤愤不平的女人有何优点？

◆ 这个自以为是的人的真实情况是什么？

◆ 这个愚蠢还是浅薄的人有何正当、合理之处？

B. 一旦你能够做到这一点，那就可以往下一步推进，
询问与你发生冲突的当事人相同的问题。

9. 懂得"不输"可能比"赢"更重要的道理。想办法自
己拥有或给予他人一些力量。

A. 你能打造公平的竞争环境吗？

B. 你是否能为这种境况添加一些力量元素，让无力者
感到不那么无能为力？

C. 是什么让他们或你感到无能为力？你能解决这个问
题吗？

D. 讨论一种你无法解决力量不平衡问题的情况。对于
其他选择，请团队成员帮助厘清思路。

E. 问题的痛点是什么？

10. 寻求有创造性的解决办法。

A. 当一切都陷入困境时，只要说："我正在'保持
冷静'。"

B. 如果没有任何限制，可能会有哪些疯狂、不寻常
或有趣的选择？

C. 怎样能使艰难的处境变得更有趣？

D. 幽默会如何让情况有所改善？

E. 分散注意力会如何改变气氛？

11. 使用复数代词"大家"来避免"我们对抗他们"的心态。

　　A. 想一想某个你认为能很好地处理冲突的人。他们用什么词语？

　　B. 一个人的立场和提议有多大不同？

　　C. 在当前情况下，你能找到哪些共同点？你喜欢哪种口味的冰激凌？（寻找相似之处能建立微妙的纽带关系，从而使杏仁核平静下来。）

　　D. 为何人们很容易分离成相互对立的群体？（这会引发有趣的讨论。一旦你看到了问题，自己就更容易避开它。）

12. 避开过度谈判风险。

　　A. 你是如何努力让自己做到正确的？有没有另一个"正确"存在的空间？

　　B. 于对方而言，何为胜利？

　　C. 你如何能将自己的胜利呈现出对对方仍然有利的样子？

13. 避免玩责备游戏。

   A. 我们如何克服自己的恐惧心理?

   B. 我们如何能不被他人的愤怒或自己的冲动淹没?

   C. 我们如何不让自己对他人行为或信仰的评判陷入
   恶性循环?

   D. 在听到让你心烦意乱的事情时,请练习"保持冷静"。
   这可以成为一场深入的对话的起点,并对每个人都会
   产生很大的影响。找到一个安全的话题来探索它。对
   话领导者所营造的安全氛围将直接关系到对话的深度。

14. 明白礼貌和修养很重要。

   A. 讨论一些缺乏礼貌和修养的对话。那是怎么开始
   的? 你可以怎样避免出现这种情况?

   B. 以更礼貌的语气重新组织你选择的任何对话。只
   是改变你的语气,状况就能得到明显改善。

   C. 私下想想你以前进行过的严厉对话。如果那时候
   你表现出一些礼貌和修养,是否可以改变对话甚
   至结果呢?

15. 对人们产生好奇心,不要对他们的行为做出反应,
   问问自己,他们是动物园中的哪种动物?

   A. 选择一起大型的公共冲突作为团体讨论的话题。

识别出其中让人想起动物园里动物形象的行为。政客们适合这项练习。看到、听到团队中其他人如何看待同一个人会很有趣。"我觉得他是一头横冲直撞的大象，但你把他看作一只翱翔天际的雄鹰。"为什么会这样呢？

B. 我们最大的优势往往也是我们最大的弱点。好斗能有什么好处呢？在什么情况下它是有价值的？请对其他特征做相同的讨论，比如软弱、愚蠢、恐惧、耿直、胆怯。

16. 明白寻求建议就像送一打玫瑰。

A. 是什么在阻止你向他人寻求建议？

B. 你想要建议还是认可？只要求认可也没问题。

C. 这句话对你意味着什么？——"思维要开阔，但不能开阔到脑子都掉出来了。"

D. 建议只是信息，你可以自行决定接受还是丢弃。讨论人们为何及何时会很难做到这一点。

E. 你能做到多大程度？能聪明、睿智、善良、熟练到多大程度？考虑这些会令人兴奋还是害怕？

17. 对文化和能力保持敏感。

A. 你害怕在不熟悉的情境中犯错吗？你能如何寻求

帮助来理解与你不同的事物或人？

B. 并非所有残障人士的想法都一样，也并非同一种
文化或种族背景下的所有人的想法都相同。你能
如何努力避免只与他人的外在表现互动，而去了
解这些标签下面真正的他们？

18. 创造小而可赢的胜利。

A. 对每一种情境给出"赢"的定义。对于你、对方
或团队来说，它看上去是什么样子的？

B. 选择一个冲突，从团队整体的角度讨论出 10 种不
同的"赢"的版本。

C. 讨论为何避免损失也是一种胜利。

19. 在确信所有选择都已用尽之前，不要接受他人的否
定答复。

A. 你如何做到尊重人们的边界而非他们的局限？仅
仅因为他们看不到解决办法并不意味着它不存在。
与团队讨论做到这一点的困难之处。

B. 与团队一起选定一种情境，每个人都试着发现一种
"赢"的样子，直到你有了一大堆的"赢"可以考
虑。把它做成游戏。你能编出多少"赢"来？

C. 你的思维或观念局限有哪些？

D. 练习三明治技术。

20. 总是——真正地，总是——"保持冷静"。

A. 讨论"保持冷静"对你意味着什么。

B. 在你的个人生活、工作生活和精神生活中，你将在何时、如何应用"保持冷静"工具箱。

致　谢

致所有努力解决冲突的人，你们这些人类冲突的治愈者，有耐心的人，勇敢的人，维护正义与和平的无名英雄：我们之所以能成为文明人，就是因为有你们。

我一直感到非常幸运的是，我拥有极好的丈夫和孩子，他们支持我，倾听我没完没了的关于拓展和成长的讲演。如果没有他们的爱、建议和支持，这项工作是不可能完成的。我非凡的丈夫运营着我们的公司，将我从令人头痛的行政事务中解放了出来，这样我就能专注于处理协商与调解。我享有平安和喜乐是因为有他。在他找到我后，我的生活变得极其美好。

我儿子大卫（David）是我的参谋，他的智慧超越了他的年龄。他看过每一页书稿，确保信息清晰明确、文字书写正确。我很喜欢他在页边空白处发表的富有洞察力的评论，尽管当他发现又一处用错的分号时，我做了鬼脸。他让这本书和我的实践变得更好。

我女儿丹妮尔（Danielle）给我的生活带来光明和喜悦，

并且提醒我，事情并不一定会很艰难。每一章她都读得津津有味，然后告诉我如何使之更好，或者用她的话来说，"更有力道"，这让我的心为之歌唱。她是这本书的出品总监，机敏而坚定。我的儿媳乔斯林（Jocelyn）助益良多，是思维上可以与我一同达到很深层次的同路人。她提醒我要将精神投入每一件所做的事情中，并与我分享她美丽的精神。我的女婿帕特里克（Patrick）是我们神圣的怀疑论者，他的头脑调查研究一切，并坚持要求一切均需清晰、精确。

我的孙女克洛伊（Chloe）让我做了奶奶，其他三个孙辈也紧随其后，肯尼迪（Kennedy）、诺亚（Noah）、皮尔斯（Pierce）。和他们一起重温童年是多么有趣啊！他们是我生活中的光明和喜悦。晚餐吃冰激凌，早餐吃比萨，谁知道那该多有趣！

我的姑母朱迪·艾迪（Judy Eddy）是一位受过正规训练的教师和书籍爱好者，她是我的第一任编辑。她找出了书中的各种语法错误，并强迫我逐章思考文中的信息并加以澄清。她一直是我的导师和啦啦队队长。拥有她，我是如此幸运。

我要感谢富有远见卓识的肯·布兰查德。他是一个高尚的人，能看到每个人的优点。他理解了本书中的理念，以及它们如何能够帮助人们打造更和谐的世界。肯·布兰查德公司的执行编辑玛莎·劳伦斯（Martha Lawrence）单刀直入地问道："我们如何能帮助尽可能多的人理解这一信息？"这真让人高兴，他们的强力支持让我知道自己走在正轨上。安娜·埃斯皮诺（Anna Espino）和蕾妮·布罗德韦尔（Renee Broadwell）支持肯，也都支持我，这让一切都进行得很顺利!

马克·弗利顿上校不仅勇敢而且富有创造力。我们分享了各种处理冲突的故事，从会议桌到战场，并看到，我们有如此之多的共同点。

艾伦·费斯（Alan Fisch）是美国最好的出庭律师之一，其用了一晚上读完了这本书，并就顺序和清晰性给出了建议。艾伦让一切变得更好了。

我的好朋友、出色的调解人大卫·德索托慷慨地花时间通读了每一页，寻找用错的逗号、令人困惑的单词及不合适的措辞。他的文笔很好、表达精深，以至于看到他划的红线都是一种乐趣。他喜欢我运用输血类比来说明如何做出准确诊断。他开玩笑地说："要弄清楚正确的血型，否则你会遇到输血混乱情况，这可能导致他们的错觉渗出形成积液，那就成了调解场上血淋淋的混乱。"我大声笑起来。

早在 1985 年，A. 乔·菲什（A. Joe Fish）法官就成了我的第一位导师。我 26 岁时在他的法庭上第一次参与案件审理。我赢了，对方第二天打电话来与我们和解。然后我打电话给法官预约会面。他和蔼地见了我，我问他："我在哪些方面还能做得更好？我怎样才能有所提高，成为更好的出庭律师？"他说那之前从未有人这么问过他，之后也不会有。他给了我很棒的建议，从此我们开启了一生的友谊。早在 1986 年，我就探索了调解这种方式，我请他给我介绍几个我可以免费做的小案件，这样我就能够看看，这种新颖的调解工作是否适用于商业案件、民权案件和侵权案件。他给我介绍了五个案子，我磕磕绊绊地处理了它们，不过全都了结了。我们俩都被迷住了。他是全美国首批下令各方进行调解的法官之一。我起草了他的调解命令，全国的法官都一直在复制这个命令，至今仍在使用。他是个有远见卓识的人，是深思熟虑、智慧而诚实的法官的典范。我们的司法系统之所以能有效运转，就是因为有像他这样的人。

伊尔玛·拉米雷斯（Irma Ramirez）法官虽然身形瘦小，但智力超群、思想进步。她一直都很信任我，是我翅膀下的风。她是一位出色的调解人，这是她完全凭借自己的努力和才华实现的，她也是一位公正、诚实的法官。我们的系统很幸运能拥有她。

南希·彭宁顿（Nancy Pennington）是我的忠实而优秀的助手，至今已与我一同工作将近 15 年，她听过我的故事，了解我经历的挫折和成功，始终在背后支持我。她是使引擎能够运转的燃油，并已经成了我们的幕僚长。

基姆·沙利文（Kim Sullivan）是得克萨斯州调解人协会主席，她和我曾就邮政服务调解计划进行过一次激动人心的哲学对话，我们都很好奇，那是怎么开始的。她做了研究，找到了辛迪·哈尔贝林，后者创建了整个计划，她们成了好朋友。如果没有基姆，我们会依然对这位了不起的远见卓识者一无所知。

在我还年轻、渴望征服世界的时候，达拉斯的加里·霍尔（Gary Hall）法官就对我报以信任。他是达拉斯首位将案件转为调解处理的州法官，他信任我，让我帮助设计、开发了第一个调解培训计划，该计划由达拉斯律师协会的非诉讼纠纷解决机制和商业诉讼部门提供资助。他认为调解工作大有前途，而且他有足够的勇气对抗总是压制超棒理念的现状力量。认识他是多么荣幸的事情，他毫无疑问是一位正直的法官和仲裁人（现在）。

凯·艾略特（Kay Elliot）在德州卫斯理大学法学院创建

并策划了出色的调解计划，其用两天时间阅读了本书并提出了宝贵意见。能得到我们行业巨头的如此支持是多么美妙啊。

萨拉·卡费黑尔（Sarah Caverhill）的睿智建议和忠告帮助我度过了各种艰难时刻。她是那个教我提出这个问题的人——"你希望这样做能得到什么样的结果？"她本身就是一位了不起的写作者，也是一位极具价值的商业导师。我的丽莎·罗吉（Lisa Rogy）对我来说是某种晴雨表。她一直告诉我要如何振作起来、保持稳定和友善，不管受到了什么刺激。

帕特·麦高文（Pat McGowan）曾是大型跨国律师事务所 Akin Gump 的知识产权主管。他先前与调解人打交道的经历很糟糕，认为在复杂的知识产权事务上做调解工作是浪费时间。然后我有幸为他做了调解。除了穿梭外交，他从未经历过什么。调解人能促成协商的想法对他而言是新奇的。起初他是客户，然后我们成了同事，继而成为亲密的朋友。他对我抱有的信任和信心是对我灵魂的慰藉。他和他可爱的妻子翠西（Trish）的合理的常识性建议始终是一盏指路明灯。他最近去世了，但我知道他会感到自豪。罗伯·布鲁内利（Rob Brunelli）是一位战略大师，他立即看到了这本书的价值。他将本书作为基础资料，安排了与主要客户的战略会议。他颇有远见。睿智的约翰·哈维（John Harvey）、机敏的杰夫·艾希曼（Jeff Eichmann）和才华横溢的本·达姆施塔特（Ben Damstedt）都逐页通读了本书，并提出了非常有用和有见地的评论，帮助澄清了书中的信息。他们是多么了不起的律师啊！IBM公司的珍妮弗·坎特（Jennifer Kantor）立马想要基于此书开展培训工作，她总是希望事情变得更好。

所有为我预览了本书的其他优秀同事都给了我极好的评论，并立即说："我会买50本！"丽莎·宾汉（Lisa Bingham），一位将我的与她的圈子连接起来的有远见卓识的人；亚瑟·查依金（Arthur Chaykin）技巧娴熟地给了我无数次强有力的认可；杰夫·迪恩（Jeff Dean）总是让我保持高标准；约翰·德格鲁特（John DeGroote）理解并认可趣闻轶事的深层含义；迈克尔·艾迪（Michael Eddy），一位喜欢这些信息的思想领导者；道恩·埃斯蒂斯（Dawn Estes）立即将这些工具运用了起来，非常有洞察力和智慧；克雷格·弗洛伦斯（Craig Florence），一位善良、睿智的律师，立即阅读本书并问道："我能帮什么忙吗？"；克里斯·加斯珀（Chris Gasper），一位能够"明白、理解信息"的英明谈判者；辛迪·哈尔贝林立即将我与她认识的最具影响力的人建立起了联系，帮助我传出信息；罗德·海托华（Rod Hightower），一位具有杰出商业敏锐力的远见卓识者，我很重视其建议；谢丽尔·杰克逊 – 马修斯（Sheryl Jackson-Matthews），其善意和支持是无价的；霍华德·克罗尔（Howard Kroll），一位出色的律师，他总是让我欢笑、感到欣喜；塞西莉亚·摩根（Cecilia Morgan），一位考虑周到的调解人，她理解这些故事的深意；小唐·菲尔宾（Don Philbin Jr.），立马联系他认识的人来支持本书，他也是调解运动的领导者；希拉里·拉普金（Hilary Rapkin）是她的人生之船的睿智船长，对本书的理解最深刻；小吉恩·罗伯茨（Gene Roberts Jr.），一个非常善良的人，他能够明白本书会如何帮助人们；哈里·萨马拉斯（Harrie Samaras），一位思维缜密的仲裁人，立即问道："我能如何帮助支持你正在做的事情？"；马克·西姆斯（Mark Sims），TAM 公司的总裁，一位心地善良的远见卓识者，他希望将这些信息传播出去；道恩·宋（Dawn Song），一位真正关心学生的杰出教授；唐·斯威夫特（Don Swift），一位希望帮助所有人的慷慨之人；约翰·索恩（John Thorne），一位才华横溢的顶级律师，他看到了本书的益处——它有助于达成好的协商结果；达内特·罗斯·沃森（Danette Ross Watson），TAM 公司的候任总裁，一位卓越的调解人和思维缜密的领导者，其热情具有传染力。

　　我读过且很喜欢伊丽莎白·吉尔伯特的《大魔法》(*Big Magic*)一书。她的书对任何想写书的人都是一种灵感来源。她的绝妙建议是"放手去做",所以我就写了这本书。然后我幸运地遇到了贝尔特科勒出版社(Berrett-Koehler)及我的了不起的编辑史蒂夫·皮耶尔桑蒂(Steve Piersanti)。萨拉·卡费黑尔是畅销书《你的领导力遗产》(*Your Leadership Legacy*)的作者,她推荐了史蒂夫,我们一拍即合。他"明白、理解、懂得"文中的内容,但对初稿不满意。他从我身上发掘出了最好的东西,这样我们都能受益。这项工作很辛苦,但也令人愉快。他为我做了我为他人所做的事情。我很享受有人为我"保持冷静"的状态,这样我就可以做出最好的作品。他有一种独特的天赋,能够深入洞察作者的灵魂,找出其中最好的东西。能和他一起工作我感到非常幸运。我们都可以为彼此"保持冷静",让我们的社区、我们的家庭、我们的工作场所拥有更多平和、更少冲突。这是多么值得追求的目标。

　　我要感谢贝尔特科勒出版社的优秀员工。能得到诸多超棒头脑的如此支持真是太好了。吉万·西瓦苏布拉马尼亚姆(Jeevan Sivasubramaniam),执行董事,主编;克里斯汀·弗朗茨(Kristen Frantz),销售与市场副总裁;迈克尔·克劳利（Michael Crowley），销售与市场副总监；凯蒂·希恩（Katie Sheehan），高级公关经理；莱斯利·克兰德尔（Leslie Crandell），高级销售经理；特里·布朗（Tryn Brown），市场经理兼文案；尚策·库拉穆（Shanzeh Khurram），销售与市场协调人；玛利亚·赫苏斯·阿吉洛（María Jesús Aguiló），全球与数字销售副总裁；凯瑟琳·伦格劳尼（Catherine Lengronne），附属权副总监；佐伊·麦基（Zoe Mackey），数字市场总监；凯特琳·基廷（Katelyn Keating），生产经理；凯莉·约翰斯顿（Kylie Johnston），新产品项目经理；玛伦·福克斯（Maren Fox），电子邮件市场经理；夏洛特·阿什洛克（Charlotte Ashlock），执行编辑兼在线产品经理；尼娜·古登（Nina Gooden），数字市场专员；莎朗·戈尔丁格尔（Sharon Goldinger），文字编辑。我的公关珍妮特·夏皮罗（Janet Shapiro）一直是我的灵感来源，她的支持始终极其宝贵。制作一本书真的需要许多人，我非常感谢这个了不起的团队。

注　释

前　言

1. Quality Judges Initiative, *FAQs: Judges in the United States*, Institute for the Advancement of the American Legal System, University of Denver, accessed February 3, 2022, https://iaals.du.edu/sites/default/files/documents/publications/judge_faq.pdf.

2. Theodore Roosevelt, *The Key to Success in Life* (New York: Federated Publishing, 1916), 12, https://www.theodore rooseveltcenter.org/Research/Digital−Library/Record?libID=o283099.

3. James Sebenius, "A Three Minute Dealmaking Challenge from Teddy Roosevelt," *James K. Sebenius* (blog), accessed February 3, 2022, https://jamessebenius.com/blog/2020/7/14/negotiating−lessons−from−teddy−roosevelt−three−minute−negotiation−challenge.

4. Reader's Digest, *Quotable Quotes.* New York: Reader's Digest, 1997.

引　言

1. Mark G. Baxter and Paula L. Croxson, "Facing the Role of the Amygdala in Emotional Information Processing," *PNAS* 109, no. 52

(December 2012), https://www.pnas.org/content/109/52/21180.

第 1 章

1. Shahram Heshmet, "What Is Loss Aversion," *Psychology Today*, March 8, 2018, https://www.psychologytoday.com/us/blog/science-choice/201803/what-is-loss-aversion.

第 2 章

1. Wesley Snipes (@WesleySnipes), "Your circle should want to see you win. Your circle should clap loudly when you have good news. If not, get a new circle," Twitter, November 17, 2017, https://twitter.com/wesleysnipes/status/931632886955909121.

2. George Bainton, ed., *The Art of Authorship: Literary Reminiscences, Methods of Work, and Advice to Young Beginners* (New York: D. Appleton and Company, 1890), 87–88, https://archive.org/details/artofauthorshipl00bain/page/86/mode/2up.

3. Robert Levine, *The Power of Persuasion: How We're Bought and Sold.* Hoboken, NJ: Wiley, 2003: 66.

4. Dennis T. Regan, "Effects of a Favor and Liking on Compliance," *Journal of Experimental Social Psychology* 7, no. 6 (November 1971): 627–639, https://doi.org/10.1016/0022-1031(71)90025-4.

第 3 章

1. Winston Churchill, *The Second World War, Volume III, The Grand Alliance.* New York: RosettaBooks, 2002: 609.

2. Arthur Brooks, "Opinion: Want to Be Happier? Take This Lesson from Martin Luther King Jr.," *Washington Post*, April 19, 2019, https://www.washingtonpost.com/opinions/want–to–be–happier–take–this–lesson–from–martin–luther–king–jr/2019/04/19/b1c76eba–6085–11e9–bfad–36a7eb36cb60_story.html.

第 5 章

1. Mervyn Rothstein, "Danny Thomas Puts His Life and Work on Paper," *New York Times*, January 10, 1991, https://www.nytimes.com/1991/01/10/arts/danny–thomas–puts–his–life–and–work–on–paper.html.

第 6 章

1. Sylvia Dorothy Lawler and Eugene M. Berkman, "Blood Group," *Encyclopedia Britannica*, July 5, 2019, https://www.britannica.com/science/blood–group.

第7章

1. Falk Lieder et al., "The Anchoring Bias Reflects Rational Use of Cognitive Resources," *Psychonomic Bulleting and Review* 25 (2018): 322–349, https://doi.org/10.3758/s13423–017–1286–8.

2. Daniel Kahneman and Amos Tversky, "Prospect Theory: An Analysis of Decision under Risk," *Econometrica* 47 (1979): 263–291.

3. "wiiFM Sales and Marketing Team Bios," wiiFM, accessed February 3, 2022, Rick McCulloch, https://www.wii.fm/aeAboutUs.

4. Letty Cottin Pogrebin, "Golda Meir," Shalvi/Hyman Encyclopedia of Jewish Women, *Jewish Women's Archive*, December 31, 1999, https://jwa.org/encyclopedia/article/meir–golda.

第9章

1. 我整理了一份我个人非常喜欢的书籍和资料清单，它们对提升我的个人技能很有帮助：

◆《怪诞行为学：可预测的非理性》

◆《瞬变 让改变轻松起来的9个方法》

◆《潜意识：控制你行为的秘密》

◆《眨眼之间：不假思索的决断力》

◆《助推：如何做出有关健康、财富与幸福的最佳决策》

◆《看不见的女性》

◆《一分钟经理人》

◆ "效能研究所"（Effectiveness Institute）的培训资料

2. Frank Lewis Dyer and Thomas Commerford Martin, *Edison: His Life and Inventions.* New York: Harper & Brothers, 1910: 616.

3. "An Aide-De-Camp of Lee Charles Marshall," Lee Family Digital Archive, accessed February 3, 2022, https:// leefamilyarchive.org/ reference/books/marshall2/12.html; "10 Facts: Appomattox Court House," American Battlefield Trust, accessed February 3, 2022, https:// www.battlefields.org/learn/articles/10-facts-appomattox-court-house.

第 10 章

1. "Funny Condom Commercial," Top of the World, YouTube, July 26, 2007, https://youtu.be/c_0bhT98g9Y.

2. Maggie Wooll, "Finding Common Ground with Anyone: A Quick and Easy Guide," BetterUp, August 25, 2021, https://www.betterup.com/blog/finding-common-ground-with-anyone-a-quick-and-easy-guide.

第 11 章

1. Brené Brown, *Braving the Wilderness.* New York: Random House, 2017.

第 12 章

1. William H. Peterson, "Boulwarism: Ideas Have Conse- quences," Foundation for Economic Education, April 1, 1991, https://fee.org/articles/boulwarism-ideas-have-consequences/.

2. Lochlin B. Samples, "Resolving Construction Disputes through Baseball Arbitration," *American Bar Association*, March 12, 2019, https://www.americanbar.org/groups/construction_industry/publications/under_construction/2019/spring/resolving-dispute-baseball/.

第 14 章

1. Elizabeth Stokoe, "How a Single Word Can Change Your Conversation," *TED*, July 15, 2015, https://ideas.ted.com/what-a-difference-a-word-can-make-how-a-single-word-can-change-your-conversation/.

2. Ellen Langer, Arthur Blank, and Benzion Chanowitz, "The Mindlessness of Ostensibly Thoughtful Action: The Role of 'Placebic' Information in Interpersonal Interaction," *Journal of Personality and Social Psychology* 36, no. 6 (1978): 635–642.

第 17 章

1. *Star Trek II: The Wrath of Khan*, directed by Nicholas Meyer (1982:

Paramount Pictures).

2. Abraham Maslow, *The Psychology of Science: A Reconnaissance.* New York: Harper & Row, 1966: 15–16.

第 18 章

1. Ronald L. Holle, "The Number of Documented Global Lightning Fatalities" (24th International Lightning Detection Conference and 6th International Lightning Meteorology Conference, San Diego, CA, April 18–21, 2016); "Tobacco," Newsroom, Worth Health Organization, July 26, 2021, https://www.who.int/news−room/fact−sheets/detail/tobacco.

2. Francis Bacon, *Essays: Or, Counsels, Civil and Moral, and The Wisdom of the Ancients.* Boston: Little, Brown and Company, 1883: 64.

第 19 章

1. Max Lucado, *When God Whispers Your Name.* Nashville: Thomas Nelson, 1999: 44.

结 论

1. Peter Glanville, "Top 10 Things You Didn't Know about Peter

Pan," *Guardian*, November 25, 2014, https://www.theguardian.com/ childrens—books—site/2014/nov/25/top—10—things—peter—pan—facts— jm—barrie.